AF392253

Collection *Électroculture*

– *Electroculture*, Justin Christofleau (Années 20)
  (éditions en français et en anglais)

– *Electroculture, the Application of Electricity to Seeds in Vegetable Growing*, Alexander Carr Bennett (1921)

– *Electricity in Agriculture and Horticulture*, Prof. Selim Lemström (1904)

– *Essais d'électroculture - Œuvres complètes*, Fernand Basty

www.electroculture-books.com

Talma Studios
60, rue Alexandre-Dumas
75011 Paris – France
www.talmastudios.com
contact@talmastudios.com

Image couverture : © Tsung-lin Wu | Dreamstime.com
ISBN : 979-10-96132-19-5

ESSAIS D'ÉLECTROCULTURE
Œuvres complètes

Fernand BASTY

ESSAIS D'ÉLECTROCULTURE

NOUVEAUX ESSAIS D'ÉLECTROCULTURE

DE LA FERTILISATION ÉLECTRIQUE DES PLANTES

CONFÉRENCE DE M. LE COLONEL PILSOUDSKI
sur ses travaux d'électroculture
résumée par M. F. BASTY,

ALLOCUTION DE M. F. BASTY
Secrétaire général du Congrès

Sommaire

	Page
INTRODUCTION	7
ESSAIS D'ÉLECTROCULTURE (1908)	13
NOUVEAUX ESSAIS D'ÉLECTROCULTURE (1908 et 1909)	21
— Première partie	25
— Deuxième partie	63
— Troisième partie	73
— Conclusions	101
DE LA FERTILISATION ÉLECTRIQUE DES PLANTES (1910)	107
— Première partie	109
— Deuxième partie	157
— Troisième partie	169
— Conclusions	177
CONFÉRENCE DE M. LE COLONEL PILSOUDSKI (Congrès de Reims – 1912)	179
ALLOCUTION DE M. F. BASTY (Congrès de Reims – 1912)	202

Présentation

À la suite de nombreux prédécesseurs, dont l'abbé Pierre Bertholon dès le XVIIIe siècle, Fernand Basty s'intéresse à l'électroculture au moins pendant une vingtaine d'années à partir de 1893.

Il réalise des expériences qui lui en confirment les bienfaits sur les plantes, donne des conférences et contribue à sa promotion, avec, entre autres, la création de la revue *L'Électroculture*.

Tandis qu'il est lieutenant dans l'Infanterie, il obtient l'autorisation d'effectuer, de 1908 à 1910, des essais d'électroculture dans le jardin de l'école Victor-Hugo à Angers.

Ces trois années d'expérimentation donnent lieu à publication dans les bulletins de la Société d'études scientifiques d'Angers sous les titres suivants :

— *Essais d'électroculture* (1908),

— *Nouveaux essais d'électroculture* (1909),

— *De la fertilisation électrique des plantes – Essais d'électroculture* (1910).

Le présent volume les reproduit dans leur intégralité, y compris les photos et les plans. Nous y avons ajouté des graphiques, des images, et, en introduction, l'intéressant article d'É. Paque, publié dans le *Bulletin de la Société royale de botanique de Belgique* de 1911.

Fernand Basty les fait ensuite paraître en deux livres intitulés *De la fertilisation électrique des plantes*. Le tome 1, qui correspond aux essais des années 1908 et 1909, est aujourd'hui introuvable, y compris à la Bibliothèque nationale de France. Le tome 2 présente les expériences de l'année 1910 et nous l'avons aussi publié sous ce titre[1]. C'est d'ailleurs cette version que nous utilisons pour ces *Œuvres complètes*.

Enfin, nous présentons les deux contributions de Fernand Basty lors du Premier congrès international d'électroculture, qui se tint à Reims du 24 au 26 octobre 1912, dont il était secrétaire général et l'un des organisateurs. Les actes complets sont téléchargeables gratuitement sur notre site spécialisé www.electroculture-books.com. D'autres ressources y sont disponibles, dont cette étonnante expérience de radioculture que fit Camille Flammarion sur les plantes.

Il n'y eut pas de second Congrès international, et la trace de F. Basty disparaît des annales de l'électroculture après la première guerre mondiale, lui qui avait commencé au siècle précédent en plantant de vieux fleurets au milieu de pommes de terre et d'épinards, avec respectivement 30 % et jusqu'à 140 % de récoltes en plus.

C'est le minimum que nous souhaitons à tous ceux qui testeront l'électroculture dans leur ferme ou leur jardin.

Patrick Pasin
Éditeur

---

1. *De la fertilisation électrique des plantes* (tome 2), Fernand Basty, Talma Studios, ISBN 979-10-96132-07-2 (version imprimée) et 979-10-96132-12-6 (ebook).

INTRODUCTION

Extrait du *Bulletin de la Société royale de botanique de Belgique*, Tome 48, Année 1911

L'ÉLECTROCULTURE, HIER ET AUJOURD'HUI

par É. Paque

D'importants résultats, obtenus récemment, ont donné un regain d'actualité à la question qui nous occupe.

Tout le monde sait que les premiers essais d'électroculture ne sont pas de fraîche date.

Dans la suite des années, on a eu recours à des procédés fort différents. Quelques chercheurs ont utilisé le courant électrique comme producteur de lumière et de chaleur (ce qu'on nomme la méthode « indirecte »), et ils ont constaté que le développement des plantes et la formation de la « chlorophylle » étaient favorablement influencés. D'autres ont utilisé le courant comme agent direct (méthode « directe »), en soumettant la plante à l'influence de son action mystérieuse, sans production apparente de lumière, ni de chaleur.

Pour l'application de cette dernière méthode, on a le choix entre l'électricité artificielle et l'électricité naturelle.

Le premier procédé est évidemment plus dispendieux et n'est pratiquement possible que dans le voisinage d'un réseau électrique ; le second est à la portée de toutes les bourses et trouve dans l'électricité fournie par la nature (sol et atmosphère) une inépuisable source d'énergie. Aussi, est-ce de ce côté que les efforts se sont principalement portés, dans les derniers temps.

On sait que le point de départ des essais d'utilisation de l'électricité naturelle se trouve dans le phénomène bien connu de l'« accroissement très sensible » des végétaux « après un orage ».

Ce fut Bertholon, un ami de Franklin, qui, en 1783, tenta les premières expériences. Ces premiers essais, paraît-il, ne furent pas très heureux, et plusieurs années s'écoulèrent avant qu'un botaniste russe, du nom de Spechnev, reprît ce genre de recherches : il le fit, avec un certain succès, à en croire les résultats qu'il a publiés. Dans des temps plus rapprochés de nous, le Frère Paulin (1890), M. Pinot et M. Narkewitsch-Yodko se sont efforcés de perfectionner les procédés et ont obtenu des résultats de plus en plus encourageants.

Nous ne décrirons pas leur méthode, laquelle, dans ses grandes lignes, se rapproche beaucoup de celle de M. Basty, dont il nous reste à parler avec quelque détail.

M. Basty, lieutenant au 135e régiment d'infanterie à Angers, s'est livré à des essais d'électroculture, depuis sept ans : le dispositif qu'il emploie et les succès qui ont couronné ses efforts méritent d'attirer l'attention de quiconque s'occupe de la culture des végétaux.

L'appareil Basty, qui ressemble à un petit paratonnerre planté dans le sol, se compose d'une tige de fer, terminée en haut par une pointe inoxydable. Sa longueur varie avec la taille des plantes soumises à la culture : elle atteint 2 mètres pour les céréales, par exemple, et n'a que 80 cm pour les plantes basses (fraises, épinards, etc.). Son diamètre est proportionnel à sa hauteur et oscille entre 2 à 5 millimètres. Quant à la longueur de la base qui doit pénétrer dans le sol, elle dépend du développement des racines suivant la verticale.

La zone d'efficacité de l'appareil est évaluée théoriquement comme égale à un cercle dont le centre est le pied de la tige et dont le rayon est égal à sa hauteur. Pratiquement, il est à conseiller, surtout dans les terrains secs, d'augmenter plutôt le nombre des tiges.

Le fonctionnement de l'appareil s'explique par la propriété des « pointes ». Le potentiel électrique du sol n'étant jamais en équilibre avec le potentiel atmosphérique, il se fait, dans le voisinage des pointes, un échange constant de ces deux électricités, ce qui y créera une sorte d'atmosphère orageuse. Celle-ci produira une effluve constante, très faible il est vrai, mais suffisante pour provoquer la formation d'ozone et opérer, dans la composition de l'air, une série de modifications avantageuses. À l'autre extrémité (du côté de la base), l'appareil agit sur le sol et les racines y contenues, par influence. L'électricité de même nom que celle de l'atmosphère s'y trouve refoulée et s'y accumule, si le terrain est sec et mauvais conducteur : agissant par influence, elle décompose l'électricité des molécules du terrain avoisinant. Si le terrain est humide, l'action se transmet plus rapidement à ces molécules, puisque le milieu est bon conducteur. Grâce à l'action de l'appareil, il se produit ainsi une décomposition lente du fluide, sans étincelle, c'est-à-dire sans effets violents qui pourraient nuire aux tissus des plantes.

L'action du paratonnerre Basty est très nette, pourvu qu'il ne soit pas entouré d'arbres, d'arbustes, de poteaux, etc., plus élevés que lui : la raison en est que ces corps agissent, eux aussi, à la façon de paratonnerres et soutirent l'électricité atmosphérique dans la région ambiante.

Au dire des hommes les plus compétents, le procédé Basty serait appelé à un grand avenir, surtout dans la petite culture et dans les jardins maraîchers. Outre son efficacité évidente, il a pour lui la simplicité et la commodité de son installation, la facilité de son entretien (qui ne réclame aucun soin) et enfin, la réduction sérieuse de la dépense, comparaison faite avec les engins utilisés antérieurement (les tiges métalliques revenant à fr. 0,15 ou fr. 0,25 d'après le diamètre).

Dans le but de mettre sa méthode à la portée du grand public, M. Basty a créé, à Angers (1908), un jardin d'essais. Il a fait choix d'un terrain pauvre, à exposition défavorable (du côté du nord) et a proscrit tout emploi d'engrais chimiques. Ce jardin comprend deux parties : dans l'une, se trouvent les plantes soumises au traitement électrique ; dans l'autre, les mêmes plantes, traitées d'après l'ancienne méthode de culture (plantes témoins).

Pour élucider davantage la question, l'expérimentateur employa une trentaine d'espèces ou de variétés de graines, de tubercules ou de noyaux, dont une partie fut électrisée, pendant un certain nombre d'heures avant l'ensemencement, et l'autre partie (les témoins) ne subit aucun traitement préalable. L'électrisation s'opérait à l'aide d'un courant continu d'une intensité de 4/10 d'ampère et de 6 volts.

Ces différentes catégories de graines, etc. furent réparties (après étiquetage minutieux), entre différents terrains : les uns à l'état naturel, les autres soumis à l'action des appareils Basty. L'influence bienfaisante de l'électroculture se manifesta, d'une manière très frappante, dans toutes les expériences.

Voici le résumé des résultats obtenus :

Précocité. — Des épinards, petits pois, fraises et autres produits furent récoltés le 15 mai, alors que, trois semaines plus lard, les plantes témoins n'avaient encore rien donné.

Abondance. — La quantité des épinards, fraises, salades, etc., récoltés sur terrain électrisé fut, à celles des plantes témoins, dans le rapport de 4 ou 4 1/2 à 1.

Qualité. — D'après le témoignage de l'expérimentateur, les produits des terrains électrisés furent de qualité tout à fait supérieure.

Au concours floral d'Antibes (avril 1910), M. Basty a exposé une série de tableaux et de photographies faisant ressortir, avec une grande netteté, les résultats obtenus par lui, au cours de ses sept années d'expérimentation.

— M. Théo Griffet, chimiste-agronome à Marseille, a consacré à cette collection un article des plus élogieux, dans la *Revue générale de Chimie pure et appliquée* [2].

— Ajoutons que M. Basty lui-même va consigner les résultats de ses recherches dans un ouvrage, qui paraîtra prochainement.

Étant donnés les succès obtenus, on peut conclure que l'électricité atmosphérique paraît être une aide puissante pour l'agriculture, et, à ce titre, on doit souhaiter de voir l'électroculture sortir du domaine de l'expérience pour entrer dans la pratique courante.

2. Tome XIII, 1910, n°14.

ESSAIS D'ÉLECTROCULTURE

Année 1908

tentés à Angers
au Jardin Bertholon (école Victor-Hugo)

<u>But</u>

En créant à Angers (école Victor-Hugo) un jardin d'essais d'électroculture, nous avions, comme double but :

1° de faire connaître et toucher du doigt aux militaires du 135ᵉ Régiment d'Infanterie, qui avaient assisté à nos conférences sur l'*Électricité appliquée à l'agriculture*, et aux agriculteurs angevins, que ces expériences pouvaient intéresser, les bienfaits de l'électricité appliquée, d'abord à la germination des graines, puis ensuite au développement de la plante, à la précocité des récoltes, à leur abondance et à leur qualité ;

2° de prouver, une fois de plus, l'efficacité des appareils les plus connus :

A) Appareils Paulin, Narkéwitsch-Yodko, appareil Spechnev modifié par Schtchawinsky (utilisant l'électricité atmosphérique) ;

B) Appareil Spechnev (utilisant l'électricité dynamique) ;

C) Et ceux que nous avons inventés récemment :

– paratonnerre capteur de l'électricité atmosphérique ;

– dynamo-condensateur utilisant à la fois l'électricité dynamique et l'électricité atmosphérique.

Disons de suite que les résultats obtenus au cours de cette année d'expériences (1908), nous ont permis d'atteindre ce double but.

Traitement suivi et conditions dans lesquelles furent faites les expériences

Relativement au traitement électrique suivi, les plantes (grains, noyaux ou tubercules) peuvent être divisées en quatre catégories :

1° Plantes *électrisées* avant les semailles et semées dans un terrain *soumis à l'influence* d'un appareil ;

2° Plantes *électrisées* avant les semailles et semées dans un terrain *exempt* de toute influence électrique ;

3° Plantes *non électrisées* avant les semailles et semées dans un *terrain influencé* ;

4° Plantes *non électrisées* avant les semailles et semées dans un terrain *exempt* de l'influence électrique.

Ce sont nos plantes-témoins[3]:

1° Par graines électrisées avant les semailles, nous entendons celles qui furent soumises à un courant *continu* de 6 volts, d'une intensité de 4/10 d'ampères, soit de 2.4 watts ;

2° Par terrain influencé, nous entendons celui qui fut soumis à l'un ou à l'autre des appareils énumérés plus haut.

Les expériences[4] portèrent sur trente espèces ou variétés de graines, plantes, noyaux ou tubercules : avoine, betteraves roses et blanches, blé de printemps, blé vieux, carottes nantaises, chanvre, choux, dattes, épinards, fraisiers, haricots rouges, laitue, zinnias, lentilles, lin, lupulines, mâche, maïs, moutarde blanche, oignons, orge, petits pois, pommes de terre (Early rose et Madeleine jaune), radis roses, reines-marguerites, sainfoin, soissons, trèfle.

Nous présentons, dans ce résumé succinct, celles qui nous ont paru les plus intéressantes ou qui nous ont donné les meilleurs résultats.

Le tableau sur les pages 18 à 20 indique les plantes choisies comme exemples, l'appareil auquel elles furent soumises, les dates des semailles, de germination, de

---

3. Les graines « témoins » avaient la même provenance et furent semées dans un terrain scrupuleusement égal au terrain influencé, orienté de la même manière et d'une composition identique.

4. Les expériences commencèrent le 21 mars, elles furent présidées par les colonels Mayran et Pentel, du 135e, assistés de notre dévoué et cher président M. Préaubert, et de M. Jouteau, directeur de l'école Victor-Hugo.

maturité, leur développement au 20 juillet, le poids de la récolte, le rapport de surproduction comparé à une récolte de 100 kilos provenant de plantes témoins et, enfin, leur qualité.[5]

5. Les signes P. R. dans le tableau indiquent que la plante n'a pas encore été récoltée.

Conclusions

Ce simple aperçu de nos expériences et de nos résultats prouve suffisamment que l'électricité, employée *judicieusement*, agit comme une fée bienfaisante qui, hélas, fut trop longtemps méconnue et qui le sera peut-être longtemps encore.

Aussi, loin de borner nos recherches à ces modestes essais qui, cependant, ont été bien concluants, nous proposons-nous, l'année prochaine, de les reprendre, de les varier, de les étendre et de les combiner avec l'emploi des engrais.

Et, si nos efforts sont couronnés de succès, ainsi que nous l'espérons, nous proclameront bien haut nos résultats afin que tous ceux qui sont vraiment soucieux de leurs intérêts et du progrès de l'agriculture secouent l'atavique apathie qu'ils montrent à l'égard de toute méthode nouvelle et ne se drapent plus, indifférents, dans le manteau du passé. Manteau qui, malheureusement, n'a pas été encore complètement rejeté des épaules des agriculteurs et du peuple des campagnes.

Angers, le 1er septembre 1908.

DÉSIGNATION DES PLANTES	DÉSIGNATION DES APPAREILS	DATE DES SEMAILLES	GERMINATION Dates où les plantes sortirent de terre		DÉVELOPPEMENT Au 20 juillet	
			Plantes soumises aux appareils	Témoins	Plantes soumises aux appareils	Témoins
Solanées : Pommes de terre (Madeleine jaune)	Paratonnerre F. Basty	21-mars	27-mars	01-avr.	Haut. 0,800 m	Haut. 0,720 m
Légumineuses Sainfoin	Paulin	17-avr.	25-avr.	29-avr.	Hauteur de la tige 0,740 m	Hauteur de la tige 0,470 m
Crucifères : Moutarde blanche	Spechnew modifié Schatchawinsky	21-mars	30-mars	27-mars	Hauteur de la tige 1 mètre Longueur des feuilles 0,20 m	Hauteur de la tige 0,780 m Long. des feuilles 0,155 m
Chénopodées Épinards	Spechnew	21-mars	03-avr.	08-avr.	Haut. 0,450 m	Haut. 0,348 m
Chénopodées Betteraves	Dynamo-condensateur F. Basty	21-mars	05-avr.	15-avr.	Haut. 0,700 m Diam. 0,124 m	Haut. 0,580 m Diam. 0,092 m
Betteraves	Paratonnerre F. Basty	21-mars	06-avr.	17-avr.	Haut. 0,700 m Diam. 0,157 m	Haut. 0,400 m Diam. 0,117 m
Urticées : Chanvre	Paratonnerre F. Basty	21-mars	29-mars	04-avr.	Haut. 1,650 m Diam. de la tige à la base 0,024 m	Haut. 0,800 m Diam. de la tige à la base 0,009 m
Linacées : Lin	Dynamo-condensateur F. Basty	17-avr.	23-avr.	27-avr.	Haut. 0,550 m	Haut. 0,300 m
Graminées : Orge	Spechnew modifié Schatchawinsky	21-mars	30-mars	05-avr.	Haut. 0,880 m	Haut. 0,785 m
Blé de printemps	Dynamo-condensateur F. Basty	21-mars	31-mars	05-avr.	Haut. 1,150 m Long. des épis 0,130 m	Haut. 1,050 m Long. des épis 0,10 m

DÉSIGNATION DES PLANTES	PRÉCOCITÉ Dates auxquelles les plantes atteignirent leur entière maturité		ABONDANCE		
	Plantes soumises aux appareils	Témoins	Plantes soumises aux appareils	Témoins	Rapport de surproduction comparé aux témoins sur 100 kg
Solanées : Pommes de terre (Madeleine jaune)	24-juil.	31-juil.	1,820 kg	1,050 kg	173,14 kg
Légumineuses : Sainfoin	22-juil.	28-juil.	0,695 kg	0,285 kg	244 kg
Crucifères : Moutarde blanche	20-juil.	31-juil.	Tige 0,127 kg Graine 0,073 kg	Tige 0,090 kg Graine 0,035 kg	Tige 141 kg Graine 211 kg
Chénopodées : Épinards	15-mai	03-juin	Feuilles 1,450 kg Graine 0,106 kg (1)	Feuilles 0,325 kg Graine 0,055 kg (1)	Feuilles 446 kg Graine 192 kg
Chénopodées : Betteraves	P. R.	P. R.	P. R.	P. R.	P. R.
Betteraves	P. R.	P. R.	P. R.	P. R.	P. R.
Urticées : Chanvre	20-août	01-sept.	Tige 2,300 kg Graine 0,280 kg	Tige 0,700 kg Graine 0,080 kg	Tige 328 kg Graine 350 kg
Linacées : Lin	25 au 29 juil.	1 au 5 août	Tige 0,685 kg Graine 0, 035 kg	Tige 0,230 kg Graine 0,020 kg	Tige 297 kg Graine 170 kg
Graminées : Orge	22-juil.	03-août	Paille 0,215 kg Graine 0,162 kg	Paille 0,160 kg Graine 0,110 kg	Paille 134 kg Graine 147 kg
Blé de printemps	30-juil.	08-août	Paille 0,380 kg Graine 0,295 kg	Paille 0,285 kg Graine 0,205 kg	Paille 138 kg Graine 145 kg

DÉSIGNATION DES PLANTES	QUALITÉ		OBSERVATIONS
	Récolte des plantes soumises aux appareils	Récolte des plantes témoins	
Solanées : Pommes de terre (Madeleine jaune)	Belle couleur franchement jaune, saveur agréable, tissu cellulaire très serré, plus riche en matières amylacées	Belle couleur, saveur agréable, tissu cellulaire Moins serré	Les tubercules ne furent **pas** électrisés avant les semailles
Légumineuses : Sainfoin	Feuillage très fourni d'un vert foncé, plus riche en matières azotées	Feuillage ordinaire	Graines **non** électrisées avant les semailles
Crucifères : Moutarde blanche	Feuilles plus larges plus riches en principes azotés; tige plus développée en hauteur et en diamètre; fleurs plus belles, plus nombreuses; grains beaucoup plus beaux que ceux des témoins	État normal	Graines électrisées **avant** les semailles, mais semées en terrain **exempt** d'influence électrique (2è catégorie)
Chénopodées : Épinards	Feuillage tendre, saveur agréable, couleur vert foncé, graines sensiblement plus grosses que celles des témoins	Feuilles de qualité ordinaire, graines de grosseur normale	(1) Résultat de 4 pieds laissés pour graines Graines électrisées **avant** Les semailles
Chénopodées : Betteraves	P. R.	P. R.	id.
Betteraves	P. R.	P. R.	id.
Urticées : Chanvre	Très belles tiges, magnifiques fibres textiles, très belle graine	Semble avoir été anémié par la rigueur de la saison, fibres textiles très faibles, assez belle graine	Graines électrisées **avant** les semailles.
Linacées : Lin	Tiges plus longues, plus grosses que les témoins, belles fibres textiles, graines plus luisantes, plus brunes	Tiges et graines ordinaires	Graines **non** électrisées avant les semailles
Graminées : Orge	Cariospe très belle, chaume très beau	Cariospe belle Chaume beau	Graines électrisées **avant** les semailles
Blé de printemps	Cariospe belle, saine, farineuse; chaume beau d'un diamètre supérieur au témoin	Cariospe assez belle Chaume assez beau	id.

NOUVEAUX ESSAIS D'ÉLECTROCULTURE
tentés à Angers en 1909
au Jardin Bertholon (école Victor Hugo) et
en 1908 à l'usine hydro-électrique de Villechien,
près de Brissarthe (Maine-et-Loire)

AVANT-PROPOS

Nous aurions bien voulu, au cours de cette modeste communication faite à la Société d'études scientifiques d'Angers, exposer l'historique complet des recherches entreprises depuis plus de 150 ans dans le domaine de l'électroculture.

– Dire quel est son état actuel, ce qu'elle peut ou non donner.

– Rappeler les expériences et les magnifiques travaux des plus grands savants : chimistes, physiciens, agronomes qui, depuis deux siècles, illustrèrent la France et l'Étranger.

– Présenter les différentes théories émises.

– Décrire les appareils employés ainsi que leur fonctionnement et enfin et surtout étudier, avec nos lecteurs, les causes des surproductions énormes, et parfois inespérées, qui ressortent aux tableaux 1, 2, 3, 4, 5, 6, indiquant les résultats obtenus au cours de l'année 1909 ; mais il nous aurait fallu entreprendre une longue discussion des différents cas qui se produisent, étudier les phénomènes physiologiques et pathologiques, chimiques et électriques qui interviennent.

Une aussi longue étude ne pouvait malheureusement trouver place dans ce rapport... annuel. Aussi, pour satisfaire la légitime curiosité de tous ceux qui s'intéressent aux progrès de la science, et de la science agricole en particulier, nous proposons-nous de donner à ces intéressantes et utiles questions, dans un ouvrage qui paraitra bientôt, toute l'ampleur et le développement qu'elles comportent.

Pour aujourd'hui, et comme à l'Exposition internationale des applications de l'électricité de Marseille en 1908, de Brescia en 1909, et à l'Exposition florale, horticole, agricole et industrielle d'Antibes de cette année, nous nous bornerons, simplement, à attirer la bienveillante attention des membres des Sociétés scientifiques françaises et étrangères sur les bienfaits que la bonne « Fée Électricité » peut apporter à l'agriculteur qui sait l'employer judicieusement.

Le moulin et le barrage de Villechien   (Cliché du *Pays Bleu*)

La première partie de notre travail mentionne simplement les conditions dans lesquelles furent faites les expériences de 1909, les résultats obtenus et les influences auxquelles ces résultats peuvent être attribués.

La deuxième partie traite d'une curieuse constatation faite, incidemment, au cours de nos expériences d'électroculture, sur la position en terre de certaines graines.

La troisième partie, qui relate nos expériences de 1908 sur l'électricité statique, doit son existence au rapport qu'un ingénieur allemand fit paraître en janvier 1909, dans un journal de Berlin.

L'usine hydro-électrique vue de la route
(à gauche le pylône distributeur, d'où partent les 6 fils N et S et le fil destiné à électrifier les champs voisins)

à droite et en remontant partie *électrisée*.
à gauche et en remontant partie *témoin*.
Au premier plan et à droite on remarquera l'influence heureuse du dynamo-capteur, sur les pommes de terre et le chanvre.

PREMIÈRE PARTIE

ÉLECTRICITÉS ATMOSPHÉRIQUE, DYNAMIQUE[6] ET TELLURIQUE[7]

CHAPITRE I
Expériences de 1909

En présence des résultats fort satisfaisants obtenus au cours de l'année 1908, nous nous étions proposé de reprendre, dès le printemps de 1909, nos expériences précédentes, de les varier, de les étendre et de les combiner avec l'emploi des engrais.

Pour les varier, il nous eut fallu du temps et des aides dont nous ne disposions pas.

Pour suivre, en effet, pas à pas, trente espèces différentes de plantes, comptant chacune deux cents

---

6. En électroculture, on entend par électricité *dynamique* celle qui est obtenue par des plaques de cuivre ou de fer et de zinc enfouies dans le sol et reliées, extérieurement, par des fils conducteurs isolés. On constitue donc ainsi une pile cuivre (fer)–terre–zinc, avec courant allant d'une plaque à l'autre, à travers le sol. Ce fut Sheppard, qui le premier, en 1846, chercha à appliquer l'électricité dynamique à la culture. Puis ensuite Spechnev, et enfin de nos jours, son compatriote, le colonel russe Pilsoudski (du génie).

7. Par électricité *tellurique*, nous entendons l'électricité naturelle de la Terre.

ou trois cents graines, aussi bien dans leur gestation souterraine que dans leur développement aérien, leur floraison, leur fructification, il fallait s'imposer un travail journalier très absorbant, très minutieux, qu'il nous était impossible d'entreprendre et de concilier avec nos devoirs et nos occupations professionnelles.

En présence de ces difficultés et sur les conseils du professeur Pacottet[8], nous ne variâmes donc point à l'infini les espèces ou variétés de plantes sur lesquelles nous opérâmes au cours de l'année 1909.

Bien au contraire, nous choisîmes dans chaque famille les espèces les plus utiles soit à l'alimentation (pommes de terre, orge), soit aux industries générales (betteraves à sucre, chanvre), au commerce local (oignons, haricots, fraisiers, etc.).

La sélection une fois terminée, nous nous arrêtâmes aux plantes types suivantes.

8. Chef du Laboratoire de recherches viticoles à l'Institut agronomique, Maître de conférences de viticulture et d'œnologie à l'École de Grignon.

CHAPITRE II

§ 1. Graines et plantes choisies

<table>
<tr>
<td>1° Graines
électrisées avant
les semailles
et
soumises
à l'influence
d'appareils</td>
<td>Solanées : (Pommes de terre) : 4 ou 5 variétés.
Légumineuses (Soissons, haricots, petits pois, trèfle incarnat).
Chénopodées (Betteraves, épinards).
Urticées (chanvre).
Liliacées (oignons).
Graminées (orge). Le blé ne put être employé en raison de la date tardive des semailles.</td>
</tr>
<tr>
<td>2° Graines
semées
accessoirement
dans des carrés
électrisés
devenus libres,
mais non
électrisées avant
les semailles</td>
<td>Crucifères (moutarde, radis, choux).
Composées (Chicoracées) (laitue).
Solanées (Solanum lycopersicum : tomate.)</td>
</tr>
<tr>
<td>3° Plantes
soumises pendant
la pousse,
la floraison
et la fructification
à une influence
électrique</td>
<td>Rosacées (fraisiers).</td>
</tr>
</table>

4º Graines *électrisées avec des courants variables* et semées dans un terrain *exempt* d'influence électrique	Chanvre, betteraves, orge, oignons, épinards, trèfle. (Feront l'objet d'une étude spéciale qui sera publiée ultérieurement.)
5º Plantes ou graines *non électrisées* avant les plantations ou les semailles *en terrain exempt* de toute influence électr. due à un appareil	Ce sont ces plantes ou graines qui nous serviront de « *Témoins* ».

§ 2. -Engrais

Suivant fidèlement le programme que nous nous étions tracé, le jardin et son annexe (voir chapitre III) furent amendés au moyen de *Biogine*, répandue en quantité scrupuleusement égale par carré témoin et carré traité électriquement.

CHAPITRE III

Description et plan du Jardin « Bertholon »

Notre jardin de 1909 eut une superficie quintuple de celle de l'année précédente ; les variétés de plantes étant moins nombreuses, les carrés électrisés et témoins furent donc plus grands et permirent d'obtenir des résultats plus probants et se rapprochant davantage des conditions habituelles de culture.

Pour la compréhension facile de ce qui va suivre, il nous a paru utile de joindre le plan du jardin. Sa simple inspection permet, en effet, de se rendre compte, à première vue, de la situation des témoins par rapport aux carrés électrisés, de la place des appareils, de la nature des cultures.

Le jardin peut se diviser en trois parties :

§ 1. — Jardin proprement dit

Se compose d'un rectangle de 25,50 mètres sur 6 mètres de large ABCD (voir plan n° 1 en page 31 et vue d'ensemble p. 24).

Il est séparé en son milieu par une allée OPQRSS', cette allée divisera elle-même le jardin en deux parties : partie nord (carrés électrisés) *c*, *d*, *e*, *f*, *g*, *h*, *i*, *j*, et partie sud (carrés témoins) *c'*, *d'*, *e'*, *f'*, *g'*, *h'*, *i'*, *j'* ; elle servira en même temps d'isolateur entre les deux parties Nord et Sud, et contiendra à cet effet plusieurs bouteilles enfouies dans le sol et placées verticalement et côte à côte.

Exception est faite pour les carrés a et b qui auront leurs carrés témoins à l'est et leur allée isolante suivant MN.

Des allées isolantes seront disposées en SL, RJ, QN, PF, pour soustraire, dans la mesure du possible, chaque carré à l'influence électrique de l'appareil voisin.

Enfin, le rectangle est coupé, de deux en deux mètres, par des allées dirigées nord-sud, et qui se confondront en S, R, Q, P, avec les allées isolantes.

Ces dispositions nous permettent donc d'opérer sur dix carrés de 2 mètres de côté (4 mètres de superficie) ayant tous, à 0,50 m, au nord et en bordure, leur témoin de même superficie.

§ 2. — Terrain triangulaire

Un terrain CTU de forme triangulaire, de 63 mètres carrés, tangent à ABCD suivant CB, sera soumis dans sa partie CTV à l'influence de l'appareil placé en a, la partie VTU sera la partie témoin.

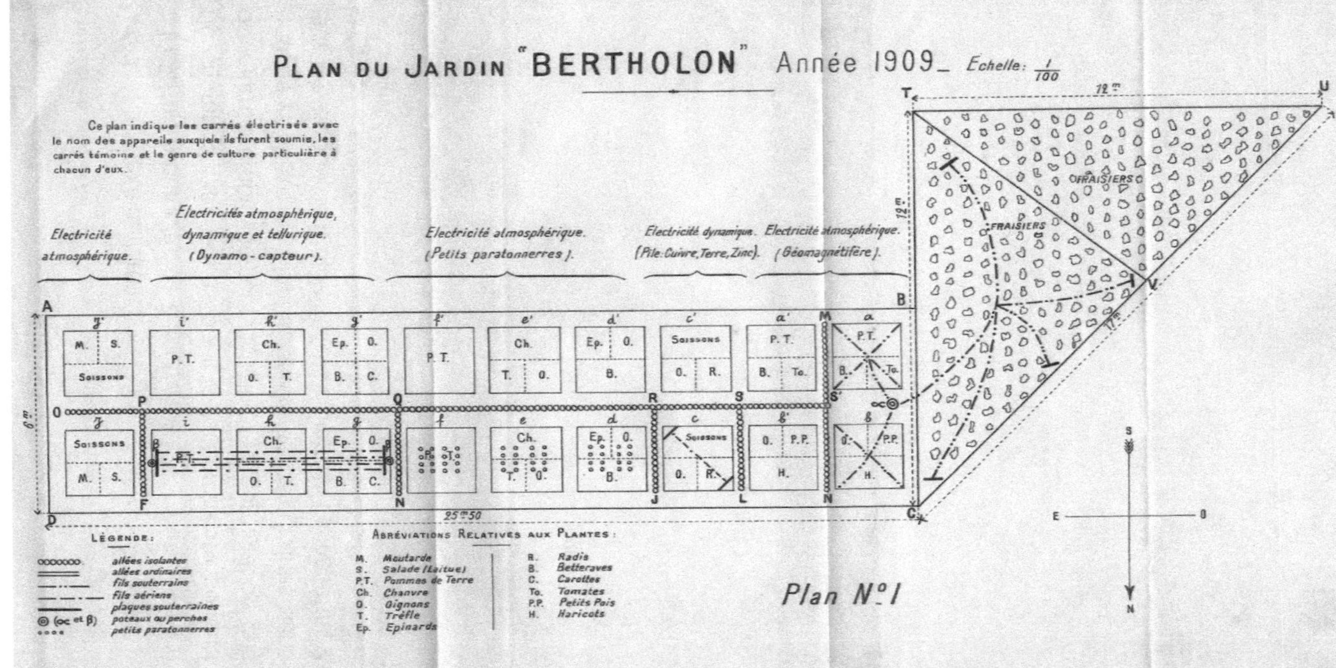

PLAN DU JARDIN "BERTHOLON" Année 1909_ Echelle: 1/100
Ce plan indique les carrés électrisés avec le nom des appareils auxquels ils furent soumis, les carrés témoins et le genre de culture particulière à chacun d'eux.
Electricité atmosphérique.
Électricités atmosphérique, dynamique et tellurique. (Dynamo - capteur).
Electricité atmosphérique. (Petits paratonnerres).
Electricité dynamique. (Pile: Cuivre, Terre, Zinc).
Electricité atmosphérique. (Géomagnétifère).
FRAISIERS
FRAISIERS
12 m
12 m
A
B
M
a
j'
i'
k'
g'
f'
e'
d'
c'
a'
M. S.
Soissons
P. T.
Ch.
O. T.
Ep. O.
B. C.
P. T.
Ch.
T. O.
Ep. O.
B.
Soissons
O. R.
P. T.
B. To.
P. T.
B. To.
O
P
Q
R
S
S'
j
i
h
g
f
e
d
c
b'
b
Soissons
M. S.
P. T.
Ch.
O. T.
Ep. O.
B. C.
Ch.
T. O.
Ep. O.
B.
Soissons
O. R.
O. P.P.
H.
O. P.P.
H.
D
F
N
J
L
N
C
6 m
25 m 50
S
E — O
N
Plan N°1
LÉGENDE:
allées isolantes
allées ordinaires
fils souterrains
fils aériens
plaques souterraines
poteaux ou perches
petits paratonnerres
(α et β)
ABRÉVIATIONS RELATIVES AUX PLANTES:
M. Moutarde
S. Salade (Laitue)
P.T. Pommes de Terre
Ch. Chanvre
O. Oignons
T. Trèfle
Ep. Epinards
R. Radis
B. Betteraves
C. Carottes
To. Tomates
P.P. Petits Pois
H. Haricots

§ 3. — Annexe au jardin

Enfin un rectangle, de 8 mètres sur 4 mètres, servira de champ d'expériences pour la recherche du courant optimum à employer pour accélérer la germination des graines et suivre les plantes issues de ces graines dans leur développement ultérieur. Voir plan de l'annexe (n° 2 en page suivante).

Plan de l'Annexe. Échelle : 2/100

COURANTS (en Ampères)

	Chanvre	Betteraves	Orge	Trèfle	Epinards / Oignons		Chanvre	Betteraves	Orge	Trèfle	Epinards / Oignons
$\frac{1}{10}$	1	2	3	4	Epinards 5 / Oignons 6		25	26	27	28	Epinards 29 / Oignons 30
$\frac{1}{100}$	7	8	9	10	Epinards 11 / Oignons 12		31	32	33	34	Epinards 35 / Oignons 36
$\frac{2}{1000}$	13	14	15	16	Epinards 17 / Oignons 18		37	38	39	40	Epinards 41 / Oignons 42
$\frac{4}{100}$	19	20	21	22	Epinards 23 / Oignons 24		43	44	45	46	Epinards 47 / Oignons 48

GRAINÉS ÉLECTRISÉES   TÉMOINS

CHAPITRE IV

Appareils employés

Les appareils employés furent plus puissants, plus perfectionnés que ceux de 1908 :

1° L'appareil Paulin-Narkéwitsch-Yodko (électricité atmosphérique), modifié par nos soins, affecté aux carrés *a* et *b* et au champ CTV ;

2° L'appareil Spechnev (électricité dynamique), affecté au carré *c* ;

3° Nos petits paratonnerres à deux tailles, munis d'une pointe inoxydable et conductrice (carrés *d*, *e*, *f*) ;

4° Notre dynamo-capteur[9] perfectionné dans *g*, *h*, *i* ;

5° L'appareil Schtchawinsky-Basty, au carré *j*.

---

9. Notre dynamo-capteur capte, au moyen de ses pointes, l'électricité atmosphérique ; produit, grâce à ses plaques métalliques l'électricité dynamique ; et utilise, par ses conducteurs, l'électricité tellurique.
Son vrai nom serait donc « capteur telluro-dynamo-atmosphérique », c'est par abréviation que nous lui avons donné le nom de dynamo-capteur.

CHAPITRE V

Affectation des plantes au terrain

§ 1. — Jardin proprement dit ABCD

Électricité atmosphérique (appareil Paulin – Narkéwitsch – Yodko). — carrés
- *a*) Pommes de terre, betteraves, tomates.
- *b*) Orge, petits pois, haricots.

Electricité dynamique (appareil Spechnew) carré *c*. Soissons, orge, radis.

Electricité atmosphérique. (petits paratonnerres F. Basty) carrés
- *d*) Epinards, oignons, betteraves.
- *e*) Chanvre, trèfle, orge.
- *f*) Pommes de terre.

Électricités atmosphérique, tellurique et dynamique (dynamo-capteur F. Basty). carrés
- *g*) Épinards, oignons, betteraves, carottes.
- *h*) Chanvre, orge, trèfle.
- *i*) Pommes de terre.

Électricité atmosphérique (appareil Schtchawinsky-Basty). carré
Ce carré fut réservé aux expériences de courte durée ; il vit successivement les plantes suivantes : moutarde, laitue, choux, soissons.

§ 2. - Terrain triangulaire CTV

Le triangle CTU, planté en fraisiers de trois ans (Dr Morère), fut partagé en deux par la ligne TV. La partie CTV fut soumise à l'influence de l'appareil placé en a et la partie VTU servit de témoin.

§ 3. - Annexe

L'annexe fut partagée en quarante-huit carrés.

Les vingt-quatre carrés situés à l'est furent ensemencés au moyen de graines électrisées avant les semailles avec des courants variables (voir paragraphe suivant : Traitement électrique).

Les vingt-quatre carrés situés à l'ouest (25 à 48) furent ensemencés avec des graines non électrisées avant les semailles.

Les graines furent ainsi réparties dans les parties est et ouest :

<table>
<tr><td rowspan="6">Partie
est,
graines électrisées</td><td>Chanvre : carrés 1, 7, 13, 19.</td></tr>
<tr><td>Betteraves : carrés 2, 8, 14, 20.</td></tr>
<tr><td>Orge : carrés 3, 9, 15, 21.</td></tr>
<tr><td>Trèfle : carrés 4, 10, 16, 22.</td></tr>
<tr><td>Épinards : carrés 5, 11, 17, 23.</td></tr>
<tr><td>Oignons : carrés 6, 12, 18, 24.</td></tr>
</table>

<table>
<tr><td rowspan="6">Partie
ouest,
graines
non électrisées</td><td>Chanvre : carrés 25, 31, 37, 43.</td></tr>
<tr><td>Betteraves : carrés 26, 32, 38, 44.</td></tr>
<tr><td>Orge : carrés 27, 33, 39, 45.</td></tr>
<tr><td>Trèfle : carrés 28, 34, 40, 46.</td></tr>
<tr><td>Épinards : carrés 29, 35, 41, 47.</td></tr>
<tr><td>Oignons : carrés 30, 36, 42, 48.</td></tr>
</table>

CHAPITRE VI

Traitement électrique

§ 1. — Graines devant servir à ensemencer le jardin proprement dit

Les graines des plantes suivantes : soissons, haricots, petits pois, trèfles, betteraves, épinards, chanvre, oignons, orge, furent divisées, par catégories, en deux lots de même poids ou de même nombre de graines ; l'un de ces lots fut enfermé dans un petit sac de tarlatane blanche, et l'autre lot dans un sac de tarlatane jaune. Les sacs jaunes seuls devaient être électrisés.

Le 8 avril, à deux heures du soir, les dix sacs jaunes furent immergés dans un électrolyte à base de sulfate de cuivre, très dilué, et soumis pendant quatre heures à l'action d'un courant continu et constant de 1/1000 d'ampère mesuré à l'ampèremètre apériodique Chauvin et Arnoux.

Les pommes de terre furent soumises à un courant de même intensité, mais seulement pendant une heure.

C'est au laboratoire de l'usine électrique d'Angers, mis gracieusement à notre disposition par M. Duplan, directeur, qu'eurent lieu les électrisations de graines. La durée et l'intensité des courants employés furent surveillées par M. Abry, ingénieur-électricien, chef de laboratoire.

Qu'il nous soit permis de leur adresser, ici, à tous deux, nos meilleurs remerciements pour leur collaboration éclairée et désintéressée.

Dans le même laboratoire, et à la même heure, les dix sacs blancs contenant les témoins et les pommes de terre « témoins » furent plongés dans un bain d'eau contenant la même quantité de sulfate de cuivre que l'électrolyte. À six heures, les graines furent retirées et semées immédiatement en prenant la précaution de les enfouir toutes à la même profondeur que leurs témoins.

Les appareils, disposés au préalable en terre ou à la surface, furent mis en fonction le soir même.

Tous furent vérifiés au moyen d'un galvanomètre spécial.

§ 2. — Graines devant servir à ensemencer l'annexe

Les graines destinées à ensemencer les carrés 1 à 6 furent soumises à un courant continu de 1/10 d'ampère, pendant une heure.

Celles des carrés 7 à 12 furent soumises à un courant continu de 1/100 d'ampère, pendant une heure. Quant aux graines des carrés 13 à 18, elles furent soumises à un courant continu de 2/1000 d'ampère, pendant une heure.

Enfin, celles des carrés 19 à 24 furent électrisées par un courant continu de 4/100 d'ampère, pendant une heure.

CHAPITRE VII

Premières constatations

GERMINATION

Les résultats obtenus relatifs aux plantes de l'annexe du jardin d'essai devant, exclusivement, servir à l'étude des divers courants sur la germination des graines et les premiers développements, ne figurent point dans cette étude ; ils feront l'objet d'une communication spéciale qui paraitra bientôt.

Par contre, ceux relatifs aux plantes du jardin proprement dit, devant servir, surtout, à étudier l'influence des appareils sur le développement, l'abondance et la qualité des plantes provenant de graines électrisées ou non, sont indiqués aux tableaux ci-après 1, 2, 3, 4, 5, 6.

Appareil Paulin-Narkewitsch-Yodko (Modifié par F. Basty)

Carrés a, b — a', b' et champ CTV — VTU

ÉLECTRICITÉ ATHMOSPHÉRIQUE

NATURE des plantes		PLANTES ÉLECTRISÉES								PLANTES TÉMOINS						
	Emplacement	DIMENSIONS DES PLANTES AUX				Récolte en poids	Date de la maturité de la récolte ou de l'arrachage	Observations	Emplacement	DIMENSIONS DES PLANTES AUX				Récolte en poids	Date de la maturité de la récolte et de l'arrachage	Observations
		21 mai	22 juin	27 juillet	13 août					21 mai	22 juin	27 juillet	13 août			
		m/m	m/m	m/m	m/m	kil.				m/m	m/m	m/m	m/m	kil.		
Fraisiers...	CTV	»	*	»	»	6.400	1re récolte 16 mai 20 fraises	10 pieds fleurirent le 12 avril.	VTU	*	»	»	»	3.710	1re récolte 4 juin	
Pommes de terre......	»	hauteur touffe 77	680	810	butées	2.350	15 sept.		»	60	520	760	butées	2.000	15 sept.	
Betteraves..	a	hauteur feuille 105	350	500	560	6.000	12 déc.		a'	45	210	280	400	5.000	12 déc.	
Tomates...	»	hauteur tige »	330	670	700	3.200	1re récolte 28 août	plantées le 23 avril.	»	*	370	600	640	3.050	10 sept.	plantées le 23 avril.
Oignons....	»	140	380	640	650	2.000	15 sept.		»	105	305	520	580	1.250	15 sept.	
Petits pois.	b	120	670	arrachés	arrachés	0.630	1re récolte 26 juin		b'	120	655	arrachés	arrachés	0.580	1re récolte 26 juin	
Haricots...	»	hauteur tige 70 hauteur feuille 80	355 110	600	arrachés	0.740	1re récolte 2 août		»	tige 50 feuille 75	330 95	610	arrachés	0.730	1re récolte 10 août	

Appareil Spechnew (Modifié par F. Basty)

Carrés c, c'

ÉLECTRICITÉ DYNAMIQUE

NATURE des plantes	PLANTES ÉLECTRISÉES							PLANTES TÉMOINS						
	DÉVELOPPEMENT DES PLANTES aux							DÉVELOPPEMENT DES PLANTES aux						
	21 mai	8 juin	22 juin	27 juillet	13 août	Pesées	Observations	21 mai	8 juin	22 juin	27 juillet	13 août	Pesées	Observations
	m/m	m/m	m	m	m	kil.		m/m	m/m	m	m	m	kil.	
Soissons ...	hauteur touffe 80 largeur feuille 85	760	1.600	2.850	3.100	2.250		hauteur touffe 75 largeur feuille 70	630	1.150	1.750	2.150	1.720	
Radis	110	235	0.335	nouveaux 0.130 longueur de la racine 0.145	0.200	2.450	semailles 4 mai et 10 juillet	50	145	0.220	nouveaux 0.065 longueur de la racine 0.075	0.180	1.880	semailles 4 mai et 10 juillet
Orge	260	590	0.450	0.840	récoltée	0.640		200	460	0.675	0.800	récoltée	0.540	

Petits paratonnerres F. Basty

ÉLECTRICITÉ ATMOSPHÉRIQUE

NATURE des plantes	PLANTES ÉLECTRISÉES					Récolte en poids	Observations	PLANTES TÉMOINS					Récolte en poids	Observations
	DÉVELOPPEMENT DES PLANTES (tige, chaumes ou feuilles) aux							DÉVELOPPEMENT DES PLANTES (tige, feuilles ou chaumes) aux						
	21 mai	8 juin	22 juin	27 juillet	13 août			21 mai	8 juin	22 juin	27 juillet	13 août		
	$\frac{m}{m}$	$\frac{m}{m}$	$\frac{m}{m}$	m	m	kil.		$\frac{m}{m}$	$\frac{m}{m}$	$\frac{m}{m}$	$\frac{m}{m}$	$\frac{m}{m}$	kil.	
Oignons....	85	19	260	0.580	0.670	2.300		60	124	210	430	500	1.050	
Épinards...	85	330	580	récoltés	0.180	1re récolte 0.700 2e récolte 0.360		48	155	330	récoltés	105	1re récolte 0.310 2e récolte 0.120	
Betteraves .	80	238	280	0.450	0.460	7.950	Circonférence 390 $\frac{m}{m}$	57	167	230	420	430	6.940	Circonférence 380 $\frac{m}{m}$
Chanvre . .	230	650	900	1.180	1.240	2.370		110	187	420	650	740	1.050	
Trèfle......	semis bien levé	135	190	0.350	0.360	0.600		non levé	61	100	140	150	0.280	
Orge.......	270	680	820	0.890	récoltée	0.720		210	595	670	740	récoltée	0.500	
Pommes de terre.....	90	405	485	butées	butées	1.250		50	310	370	butées	butées	0.800	
	»	210	380	butées	butées	2.800	Plantées le 12 mai.	»	175	350	butées	butées	2.350	Plantées le 12 mai.

Appareil Dynamo-Capteur F. Basty

Carrés g,h,i, et g',h',i'

ELECTRICITÉS ATMOSPHÉRIQUE, TELLURIQUE ET DYNAMIQUE

NATURE des plantes	PLANTES ÉLECTRISÉES							PLANTES TÉMOINS						
	DÉVELOPPEMENT DES PLANTES (tiges, chaumes ou feuilles) aux					Récolte en poids	Observations	DÉVELOPPEMENT DES PLANTES (tiges, chaumes ou feuilles) aux					Récolte en poids	OBSERVATIONS
	21 mai	8 juin	22 juin	27 juillet	13 août			21 mai	8 juin	22 juin	27 juillet	13 août		
	m/m	m/m	m/m	m/m	m/m	kil.		m/m	m/m	m/m	m/m	m/m	kil.	
Oignons....	107	120	180	0.450	0.620	2.850		70	108	120	330	390	1.150	
Épinards...	57	138	récoltés	récoltés	»	0 850		40	117	récoltés	récoltés	»	0.550	5 pieds de même dimension furent plantés le 14 mai.
Betteraves..	tige 100	230	405 larg.des feuilles 180	0.580	0.610	9.900		tige 100	198	270 larg des feuilles 130	400	450	6.800	Leur circonférence, au 12 décembre, était de : Elect. 51e, 54, 51, 41, 40 ; N. El. 50e, 43, 40, 34, 33. Longueur moyenne { Elect.... 38e / Non Elect. 35e
Carottes....	»	75	170	0.400	0.460	4.100		»	43	95	150	270	2.350	Semées le 14 mai.
Chanvre ...	tige 215 feuille 90	560 187	930 210 circ. 30 au pied 160	1.900	1.950	4.510		tige 180 feuilles 55	465 69	850 160 circ. 18 au pied 140	1.450	1.500	2.870	
Trèfle......	semis fourni	65	160	0.290	0.300	0.715		semisclair	55	140	270	280	0.505	Sémé le 14 mai.
Orge.......	215	760	830	0.850	récoltée	0.830		165	540	720	800	récoltée	0.620	
Pommes de terre.	75	438	610	butées	butées	10.650		85	410	705	butées	butées	3.750	Détail des pesées des Pommes de Terre Elect. N. Elect. 3 pieds de Hollandaises .... 4.1 0 1.200 2 — Belles de Juillet. 2.950 0.700 2 — Early.......... 1.450 0 500 1 — Eléphant .... 1.400 0.900 2 — Négrines .... 0.750 0.450 Totaux... 10.650 3.750

Appareil Schatchawinsky-Basty

Carrés jj

ÉLECTRICITÉ ATMOSPHÉRIQUE

NATURE des plantes	PLANTES ÉLECTRISÉES							PLANTES TÉMOINS						
	DÉVELOPPEMENT DES PLANTES (tiges ou feuilles) aux							DÉVELOPPEMENT DES PLANTES aux						
	21 mai	8 juin	22 juin	27 juillet	13 août	Pesée	Observations	21 mai	8 juin	22 juin	27 juillet	13 août	Pesée	Observations
	m/m	m/m	m			gr.		m/m	m/m	m/m	m/m		gr.	
Moutarde ..	155	700	1.100	récoltée	R	620		55	535	850	R	R	455	
Laitue	16	70	0.123	R	R	715	semée le 4 mai	»	18	55	97	R	400	semée le 4 mai
Choux	»	25	0.090	arrachés	A	pas pesés	semés le 4 mai	»	25	105	A	A	pas pesés	semés le 4 mai

CHAPITRE IX

Influence des électricités atmosphérique, dynamique et tellurique sur les plantes employées

§ 1. — Chénopodées

a) Betteraves

Les betteraves électrisées donnèrent une récolte de 6 kilos avec le géomagnétifère genre Paulin, modifié ; 8 kilos avec les petits paratonnerres ; 9,900 kilos avec le dynamo-capteur.

Les non-électrisées, respectivement : 5 kilos ; 6,940 kilos ; 6,800 kilos.

Nous remarquons, et ceci est frappant, que les betteraves soumises à l'action de l'électricité atmosphérique donnèrent une surproduction d'un kilo par rapport à leurs témoins.

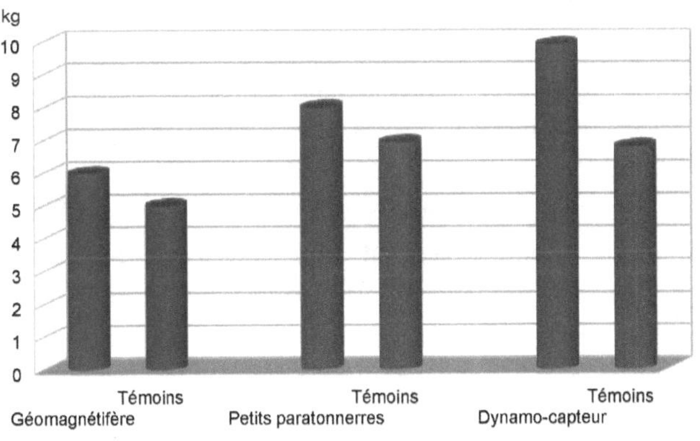

L'électricité captée, ou plutôt utilisée, par le simple petit paratonnerre est donc égale à celle obtenue par le géomagnétifère d'un prix supérieur. Par contre, et en toute justice, nous devons reconnaitre que le développement de la plante (feuilles et tige) est plus grand avec le géomagnétifère : 520 mm, alors qu'avec le petit paratonnerre : 460 mm. Mais est-ce bien un avantage, dans le cas actuel ? Il est permis d'en douter. En ce qui concerne l'emploi de notre dynamo-capteur, son influence, à tous les points de vue, est manifeste : les 5 pieds de betteraves plantés le 14 mai, en même temps que les 5 pieds témoins, nous donnèrent, au 27 juin, des plantes mesurant 610 mm de hauteur de tige, contre 450 mm, et comme récolte, au 12 décembre, 9,900 kilos contre 6,800 kilos, soit 35 % de surproduction quant à la tige, et 45 % quant à la racine.

À quelles influences devons-nous attribuer ces plus-values ? À l'influence dynamique sans aucun doute qui, circulant à travers le sol de l'élément cuivre à l'élément zinc, rayonne dans tout le carré soumis à l'appareil, surtout, dès que le sol a été rendu plus conducteur, comme après une pluie ou un arrosage ; elle décompose alors pour recomposer ensuite, grâce à son action électrolytique, des éléments rendus plus assimilables par les racines. Celles-ci, mises à même de puiser, dès lors, dans le sol, des éléments fertilisant nouveaux, communiquent une vitalité nouvelle à la tige, activent, par suite, la respiration des feuilles, augmentent la fixation de carbone et conséquemment leur transpiration et leur nutrition. Le résultat se traduit par une multiplication de cellules, un accroissement de tissus.

Au reste, grâce à la disposition des fils aériens de l'appareil – fils conducteurs de l'électricité atmosphérique captée –, celle-ci a pu également imprégner de son fluide bienfaisant les jeunes feuilles qui peuvent, dès lors, puiser à satiété l'azote dont elles ont besoin pour se développer.

b) Épinards

Les épinards soumis aux petits paratonnerres donnèrent les surproductions suivantes : 75 % quant au développement, et 125 % quant à la récolte proprement dite (graines) ; cette chénopodée, fort gourmande d'azote, a donc pu puiser dans l'air, grâce aux appareils, tout l'azote qu'elle a voulu et au point que la couleur de ses feuilles s'en est fortement ressentie. Tout le monde a pu constater, en effet, combien le feuillage était d'un vert foncé chez les plantes électrisées.

L'électricité dynamique combinée avec l'électricité atmosphérique ne donne qu'une surproduction de 11 % quant au développement, et de 15 % quant à la récolte (graines), résultat appréciable sans doute, mais inférieur, de beaucoup, à ceux obtenus grâce à l'électricité atmosphérique seule.

Faut-il en conclure que l'électricité dynamique est néfaste ? Nous serions ici, dans ce cas particulier, tentés de le croire.

§ 2. — Crucifères

a) Choux

Ici, nous devons le reconnaitre, les résultats sont négatifs et confirment, d'ailleurs, ceux de 1908.

Le développement se trouve retardé dans la proportion du dixième. Faut-il l'attribuer à l'influence seule de l'électricité atmosphérique, nous ne le pensons pas, et voici pourquoi. Nos essais, en tant que choux n'ont pas été heureux. Au début de la croissance des jeunes plantes, elles ont été (témoins et parties électrisées) ravagées par les altises, et comme nous ne voulions tenter aucun remède pour les combattre (cendres répandues sur le sol, etc.), qui aurait pu changer la composition du terrain, nous avons préféré les subir. Il peut aussi se faire que ces chrysomélides se soient plus abattues sur un carré que sur l'autre.

Les choux (crucifères) sembleraient, cependant, devoir se comporter comme la moutarde (même famille) ; néanmoins, comme les feuilles de cette dernière sont moins résistantes, qu'elles possèdent un tissu cellulaire moins serré, et que les nervures sont moins développées, on peut admettre que les choux sont plus réfractaires à l'action électrique que la moutarde.

b) Moutarde

Cette plante extrêmement vivace a conséquemment besoin de beaucoup d'azote, aussi se trouve-t-elle merveilleusement servie grâce à l'emploi d'un appareil capteur de l'électricité atmosphérique.

Les résultats obtenus en 1908, confirmés en 1909, dispensent de tout commentaire, ils sont de 29 % quant au développement de la tige et de 42 % quant à la récolte (graines).

c) Radis

Outre la question de développement (racines et tiges) et de récolte (voir tableau n° 2, p. 41), un fait important fut signalé et constaté par plus de cent personnes : les radis témoins étaient fades, alors que les radis électrisés accusaient un goût agréable, piquant[10] et légèrement poivré.

Des éléments étrangers sont donc entrés dans la composition de ces derniers, éléments pris incontestablement au sol, et peut-être aussi, à la production d'eau ozonisée.

§ 3. — Graminées

a) Orge

L'inspection des tableaux relatant les résultats obtenus, quant au développement et à la récolte, nous donne les chiffres suivants :

---

10. La saveur piquante des radis est due à un composé sulfuré allylique. Il nous faut donc conclure que, sous l'influence électrique, les sulfates contenus dans le sol ont été mieux assimilés, et ont fourni en plus grande quantité le soufre nécessaire à la formation du composé organique en question.

Électricité dynamique.... { Dével. 0ᵐ840 contre 0ᵐ800.
Récolte 0 k. 640 contre 0 k. 540.

Électricité atmosphérique. { Dével. 0ᵐ890 contre 0ᵐ790.
(Petit paratonnerre)...... Récolte 0 k. 720 contre 0 k. 500.

Électricité atmosphérique,
dynamique et tellurique. { Dével. 0ᵐ850 contre 0ᵐ800.
(Dynamo-capteur) .... Récolte 0 k. 830 contre 0 k. 620.

L'emploi simultané des deux électricités atmosphérique et dynamique semble convenir aux céréales. En effet, avec le dynamo-capteur, le développement du chaume est supérieur de 10 mm au chaume provenant du carré soumis à l'électricité dynamique, et inférieur de 40 mm à celui provenant du carré électrisé atmosphériquement. Mais au point de vue récolte, il donne 90 grammes de plus que ce dernier et 190 grammes de plus que le premier. La paille est donc moins belle qu'avec l'électricité atmosphérique, mais, par contre, le grain est plus beau et plus lourd.

Quant au développement intense du chaume obtenu par nos petits paratonnerres (890 mm), il peut s'expliquer de la façon suivante :

Dans les environs des pointes des petits paratonnerres, règne une certaine atmosphère électrique provenant soit de la captation de l'électricité atmosphérique, soit de l'écoulement de l'électricité tellurique ; or, comme jamais le potentiel tellurique est en équilibre avec le potentiel atmosphérique, il en résulte, dans le voisinage de la pointe du petit paratonnerre, un échange constant de ces deux électricités. Mais les longs crins qui se trouvent sur toutes les graminées et qui sont désignés sous le nom de barbe ou épis, sont autant de petits paratonnerres qui, attirés par la zone électrique dont nous venons de parler, grandissent pour s'en rapprocher davantage.

Dans le dynamo-capteur, les fils conducteurs sont placés trop hauts pour créer cette zone électrique et, malgré un potentiel plus élevé, ne peuvent produire le même effet que les petits paratonnerres, puisqu'ils ne sont pas dans le voisinage immédiat de la tige. Mais cette électricité atmosphérique soutirée par le capteur n'est pas perdue pour cela : elle est conduite par les fils, au sol et aux racines, et c'est ce qui peut, dès lors, expliquer que les tiges sont moins développées avec le dynamo-capteur qu'avec les petits paratonnerres, mais aussi pourquoi la récolte est plus belle (comme grain) avec le premier appareil qu'avec le second.

§ 4. — Légumineuses

a) Haricots et petits pois

Les plantes de la famille des légumineuses passant pour retirer de l'air, grâce à la présence de certains microbes, la totalité de leur azote, il était donc intéressant de se rendre compte comment elles se comporteraient en présence d'un courant électrique fourni par le géomagnétifère ou de simples paratonnerres (électricité atmosphérique).

Les résultats obtenus furent nuls, ou presque : ils se traduisent par 50 mm de développement de tige en plus pour les petits pois et 10 mm de tige en moins pour les haricots.

Que faut-il en conclure ?

Ou bien l'électricité atmosphérique n'agit pas sur ces plantes, ou, si elle agit, elle empêche directement ou indirectement les microorganismes, qui se développent sur les feuilles et sur les racines de ces plantes, de remplir leur fonction primordiale (fonction essentiellement assimilatrice d'azote).

La seconde partie du dilemme est la seule possible, voici pourquoi :

1° Les expériences de M. Schiel ont montré que sous l'action de courants électriques, certaines bactéries mobiles cessaient de se mouvoir, et M. Schiel de conclure que les bactéries ont été tuées. Mais bactérie immobile ne veut pas dire bactérie morte ; car, ensemencée, une bactérie mobile peut encore vivre et se reproduire.

Néanmoins, on peut admettre que cette immobilité entraîne la perte, ou tout au moins la diminution, de la fonction assimilatrice d'azote qui est la caractéristique des bactéries vivant sur les légumineuses ;

2° Le courant électrique fourni par l'appareil n'est pas sans produire de l'ozone. Si les travaux du Dr Froelich (l'influence de l'ozone sur les microbes) ont établi que l'ozone sec n'altère pas ceux-ci, il n'en est plus de même dès que le courant d'air ozonisé est humide, ou même, dès que les bactéries elles-mêmes sont humides, comme cela se produit simplement avec la rosée du matin

Ces explications succinctes peuvent donc expliquer – dans une certaine mesure – l'inefficacité du traitement électrique constatée.

Nous n'ignorons rien des travaux de Berthelot sur cet intéressant sujet, ni des expériences du frère Paulin (emploi avantageux du géomagnétifère dans certaines cultures ensemencées en légumineuses).

Néanmoins, les résultats négatifs obtenus pendant trois ans, et sévèrement contrôlés, nous ont obligé, pour trouver une explication plausible, de recourir à cette théorie, que nous reconnaissons nous-mêmes sujette à bien des controverses.

b) Soissons

L'influence de l'électricité dynamique est toute autre pour les plantes de la même famille et presque identiques : les soissons.

En effet, le développement des tiges et feuilles de soissons et de 44 % supérieur aux témoins, les fleurs sont plus belles, plus nombreuses, et la maturité des fruits est plus avancée ; enfin, la récolte donne une surproduction de 30 %. Une constatation intéressante fut faite à ce sujet, et permit d'établir l'influence heureuse de cette source électrique sur le développement de la tige, des feuilles et des racines de cette plante.

Cette constatation fera l'objet de la deuxième partie.

c) Trèfles

Les résultats obtenus avec le trèfle, soumis à l'action de l'électricité atmosphérique, corroborent ceux que nous avions indiqués dans l'article « Haricots et petits pois ». De même que pour les soissons, l'action dynamique fut extrêmement favorable à cette plante, puisque le carré dynamiquement électrisé donna une surproduction, quant à la récolte de 58 %, et de 18 % quant au développement.

§ 5. — Liliacées

a) Oignons

Les surproductions sont de :

Électricité	Atm.	Géo ..	$650\,^m/_m$ contre $580\,^m/_m$	2 k. 000 contre 1 k. 250
		P.P ..	$670\,^m/_m$ — $500\,^m/_m$	2 k. 300 — 1 k. 050
	Dyn.	Dy.-C.	$620\,^m/_m$ — $390\,^m/_m$	2 k. 850 — 1 k. 150

Il faut remarquer, d'après le plan, que les oignons contenus dans le carré soumis à l'action du dynamo-capteur étaient voisins de l'élément négatif (zinc), c'est-à-dire dans une situation favorisée, car la plaque métallique devait, à certains moments, jouer le rôle d'accumulateur, surtout quand le sol était très sec, et par conséquent influencer davantage les molécules voisines du terrain, que le simple fil reliant l'élément cuivre à l'élément zinc.

Quant aux résultats obtenus avec le petit paratonnerre, ils s'expliquent facilement par la raison que le paratonnerre, enfoncé seulement de 10 à 15 centimètres dans le sol, a une action plus directe sur les racines de peu de développement, que les fils du géomagnétifère qui, eux, circulent dans le sol à 40 ou 50 centimètres de profondeur et agissent plutôt sur les racines de grand développement.

§ 6. — Rosacées

a) Fraisiers

Avec cette plante, l'électricité atmosphérique joue un rôle manifestement bienfaisant. Le géomagnétifère Paulin, modifié par nos soins fut placé le 9 avril 1909 dans le triangle CTV, planté en fraisiers (voir plan) ; trois jours après, dix pieds fleurirent et aucun dans le triangle témoin VTU ; vingt fraises furent récoltées le 16 mai, la première fraise mûre provenant des témoins ne fut récoltée que le 4 juin. Quant à la surproduction, elle fut de 72 %, la qualité fut également supérieure et les fruits notablement plus beaux.

Il est à remarquer que, pendant les mois de mai et juin, l'atmosphère fut très orageuse, l'ozone aurait donc joué une action comparable à celle dont nous avons déjà parlé, relativement aux radis.

§ 7. — Solanées

a) Pommes de terre

Avec cette plante qui, cependant, nous a donné d'excellents résultats en 1908, nous allons rencontrer plus d'une surprise.

Si l'électricité atmosphérique lui convient bien, ainsi que l'on montré les expériences de Paulin, du capitaine Lagrange et les nôtres (année 1908), l'électricité dynamique lui plaît davantage. Rappelons brièvement les récoltes et résultats obtenus avec les différents appareils :

POMMES DE TERRE ÉLECTRISÉES	Dévelop.	Récolte	POMMES DE TERRE NON ÉLECTRISÉES	Dévelop.	Récolte	Surprod.
Soumises :	$\frac{m}{m}$	kil.	Témoins		kil.	%
Au Géo-Paulin modifié	810	2 350	»	0.760	2 »	11
Aux Petits Paratonnerres ..	485	4 050	»	0.370	3 150	28
Au Dynamo-capteur	640	10 650	»	0.705	3 750	184

Cette production inespérée de 184 %, car c'était la première fois que nous influencions les tubercules de pommes de terre par un courant dynamique, tendrait à établir, jusqu'à preuve du contraire, que ce courant, en agissant sur les sulfates d'ammoniaque, azotates de soude et de potasse et sur les matières organiques elles-mêmes, contenues dans le sol, a pu fournir au tubercule l'azote combiné et les sucs indispensables à sa nutrition.

Par contre, les tiges ont acquis un développement moindre que les témoins : 640 mm contre 705 mm.

L'électricité atmosphérique a profité sans doute aux tubercules, mais aussi et surtout, aux tiges qui dépassent de beaucoup, à ce point de vue, leurs témoins : 810 mm contre 760 mm (Géo.) ; 485 mm contre 370 mm (P. P.). Pour certaines plantes, c'est donc toujours le même résultat que nous constatons : suralimentation de la tige par l'azote.

b) Tomates

Étant donné le petit nombre de pieds sur lesquels nous avons opéré (trois électrisés, trois témoins), nous ne pouvons ni ne voulons affirmer de manière absolument certaine l'influence bienfaisante de l'électricité atmosphérique ; néanmoins, l'accroissement de 9 % est une indication sérieuse et tout porte à croire, l'expérience l'a prouvé relativement aux pommes de terre, que les tiges, feuilles et fruits sont heureux de trouver l'élément azote et de l'utiliser pour leur croissance.

§ 8. – Urticées

a) Chanvre

Le chanvre soumis uniquement à l'action de l'électricité atmosphérique nous donne les résultats suivants : 2,37 kilos contre 1,05 kilo aux témoins.

Développement de la tige : 1,240 m contre 0,740 m aux témoins.

Si nous considérons le seul développement de la plante, nous voyons combien ce développement est considérable, 7/12 en 1909 et triple en 1908. La récolte, fonction normale de ce développement, vient prouver que le traitement électrique n'a pas fait déroger, au cours de ces deux années, à cette loi naturelle, puisqu'elle est de 1,320 kilo supérieure à son témoin.

Quant au chanvre soumis aux deux électricités atmosphérique et dynamique, malgré sa hauteur de 1,95 m contre 1,50 m (témoin), et sa récolte de 4,5 kilos contre 2,35 kilos (témoins), il semble surtout devoir ces productions à l'heureuse influence de l'électricité atmosphérique. En effet, jusqu'au mois de juin, époque où les tiges de chanvre étaient encore dans le voisinage des fils conducteurs de l'électricité dynamique, la différence est peu sensible : 930 mm contre 850 mm, soit 80 mm. Dès que les fils sont dépassés, l'électricité atmosphérique seule intervient et agit sur les feuilles, et nous voyons la différence du développement s'accentuer pour croître de 450 mm, soit 1,900 m contre 1,450 m.

Cette augmentation est conservée jusqu'à la récolte.

Faut-il en conclure que l'électricité dynamique a été néfaste, ou simplement retardatrice du développement de la future plante ?

Nous ne le croyons pas.

Elle agit surtout sur la racine de la plante, lui donnant de la vigueur dans son jeune âge pour développer sa tige, et cela est si vrai qu'au 22 juin, le diamètre, à la sortie de la terre, de la tige de chanvre électrisée est de 30 mm, et seulement de 18 mm chez le témoin.

Pendant la première période de croissance de la plante, l'électricité dynamique suralimente la racine, tandis que l'électricité atmosphérique apporte aux feuilles l'azote qui les fera croître et se multiplier ; l'action unique de l'électricité dynamique aurait sans doute donné une tige peu élevée, pauvre en feuilles et conséquemment en fleurs et en fruits. Quand, en 1908, nous constations que l'électricité dynamique était néfaste au chanvre, nous étions donc bien près de la vérité, car, dès cette époque, nous avions remarqué combien elle modifiait la structure interne et l'aspect extérieur des fibres textiles de la plante (fibres rougeâtres et peu résistantes).

Nous dirons aujourd'hui qu'elle stimule la plante à ses débuts, fortifie ses racines, mais doit, dès la fin du premier mois, emprunter le secours de l'électricité atmosphérique pour mener à bien la croissance de la plante. Notons simplement, au point de vue théorique, qu'un appareil capteur d'électricité atmosphérique n'est pas un stimulant indispensable pour remplir cette dernière condition. Ici, l'appareil n'est qu'un moyen plus sûr ; le but c'est d'obtenir, de capter l'azote, soit gazeux, soit combiné à d'autres corps (engrais). Or, si nous opérons sur un terrain pourvu d'engrais azotés, la condition est remplie ; si nous nous trouvons dans le voisinage d'arbres ou de plantes à hautes tiges qui agissent comme des paratonnerres, l'azote libre est capté ; si enfin nous traversons une période d'orages ou de pluies, nous aurons encore de l'azote. La nature elle-même se charge donc, dans une certaine mesure, de compléter le traitement dynamique que nous imposons à notre chanvre. En résumé, nous dirons que l'électricité atmosphérique seule suffit pour obtenir d'excellents résultats sur les urticées (chanvre), puisqu'elle donne une surproduction de 126 %, surproduction qui tombe à 92 % avec l'emploi des deux électricités dynamique et atmosphérique, et qui devient nulle ou négative avec l'emploi de l'électricité dynamique seule.

§ 9. — Chicoracées (composées)

a) Laitues

Nous avions constaté en 1908 une surproduction considérable obtenue grâce à l'emploi de l'électricité atmosphérique.

Au 22 juin 1909, le développement des laitues électrisées, comparé à celui des témoins, est dans le rapport de douze à cinq.

Ces résultats montrent donc à quel point est favorable l'intervention de l'électricité atmosphérique dans le développement des plantes à grands feuillages.

Influence du petit paratonnerre F. B. sur du *maïs*

Année 1910. — Inédit

A gauche maïs, *témoin*. — A droite, maïs *soumis au P.P.*

CHAPITRE X

Stimulus électriques favorables, défavorables
ou sans action bienfaisante

Grâce aux résultats obtenus cette année, et qui sont la confirmation presque identique des résultats des années 1908, 1906, 1903, 1901, nous pouvons admettre :

1° Que le stimulus électro-atmosphérique est très favorable aux plantes suivantes : épinards, fraisiers, chanvre et laitue ; favorable aux betteraves, moutarde, oignons, orge, pommes de terre, tomates ; sans action ou résultat avantageux sur les haricots, petits pois, soissons et trèfles ; et défavorable (?) aux choux.

2° Que le stimulus électrodynamique est très favorable aux betteraves, radis, pommes de terre, orge ; favorable aux légumineuses (soissons, trèfles), oignons ; et défavorable au chanvre.

3° Que le stimulus électro-tellurique est favorable aux chanvre, orge, oignons et pommes de terre.

Que certaines plantes se trouvent fort bien du traitement combiné dynamo-tellurique : pommes de terre, orge, oignons et chanvre.

Carré de chanvre soumis à l'influence du petit paratonnerre F. B.
Expériences de 1909

A gauche carré témoin, à droite (près de l'étiquette) carré soumis à l'appareil.

ACTION DU STIMULUS ÉLECTRIQUE (DYNAMIQUE) SUR LES PHÉNOMÈNES HÉLIOTROPIQUES ET GÉOTROPIQUES DE CERTAINES PLANTES (LÉGUMINEUSES)

Au cours de nos expériences d'électroculture, nous fûmes conduit à nous demander si la position en terre d'une graine pouvait avoir une influence quelconque sur : 1° sa germination, 2° son développement ultérieur.

Afin de mieux étudier cette question intéressante, nous expérimentâmes sur de grosses graines : soissons, et haricots rouges dits rognons de coq.

Première expérience

Dans un rectangle A de 2 mètres de long sur 1 mètre de large, vingt-sept soissons furent plantés exactement à la même profondeur, et de la façon suivante :

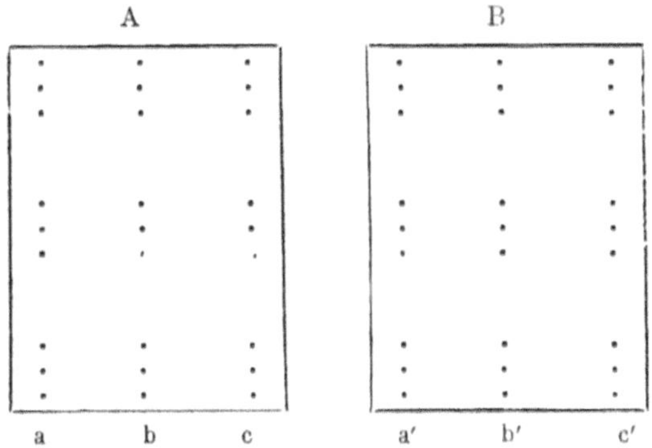

Premier rang (*a*), neuf soissons furent plantés horizontalement (hile en dessus).

Deuxième rang (*b*), neuf soissons furent plantés verticalement (hile vertical).

Troisième rang (*c*), neuf soissons furent plantés horizontalement (hile en dessous).

Dans un rectangle B, de mêmes dimensions, furent également plantés en prenant les mêmes dispositions et les mêmes précautions, vingt-sept soissons de même qualité ; seulement, ce rectangle fut soumis pendant toute la durée de l'expérience à l'action dynamique d'une pile cuivre-terre-zinc.

Les semailles eurent lieu, pour les deux rectangles, le 24 avril 1909. Les résultats furent les suivants :

Au 7 mai

RECTANGLE A

Rang *a* hauteur des tiges . . . . $7^{c}\!/_{m}$
  — *b* — . . . . $9^{c}\!/_{m}$
  — *c* — . . . . $10^{c}\!/_{m}$

RECTANGLE B

Rang *a'* hauteur des tiges. . . . . $9^{c}\!/_{m}$
  — *b'* — . . . . $10^{c}\!/_{m}$
  — *c'* — . . . . $12^{c}\!/_{m}$

Au 15 mai

Rectangle A

Rang *a* hauteur moyenne des tiges .... $10\,{}^c\!/_m$
— *b*   —   .... $12\,{}^c\!/_m$
— *c*   —   .... $14\,{}^c\!/_m$

Rectangle B

Rang *a'* hauteur moyenne des tiges .... $15\,{}^c\!/_m$
— *b'*   —   .... $16\,{}^c\!/_m$
— *c'*   —   .... $18\,{}^c\!/_m$

Au 22 juin

Rang *a* (Rect. A)

Hauteur des touffes .... $15\,{}^c\!/_m$
Longueur des feuilles .... $14\,{}^c\!/_m$
Largeur des feuilles .... $13\,{}^c\!/_m$

Rang *a'* (Rect. B.)

Hauteur des touffes .... $32\,{}^c\!/_m$
Longueur des feuilles .... $18\,{}^c\!/_m$
Largeur des feuilles .... $16\,{}^c\!/_m$

Rang *b* (Rect. A.)

Hauteur des touffes .... $22\,{}^c\!/_m$
Longueur des feuilles .... $17\,{}^c\!/_m$
Largeur des feuilles .... $14\,{}^c\!/_m$

Rang *b'* (Rect. B.)

Hauteur des touffes .... $32\,{}^c\!/_m$
Longueur des feuilles .... $18\,{}^c\!/_m$
Largeur des feuilles .... $19\,{}^c\!/_m$

65

Rang c (Rect. A.)

Hauteur des touffes	25 $^c/_m$
Longueur des feuilles	18 $^c/_m$
Largeur des feuilles	154 $^m/_m$
Hauteur des tiges	1^{m}34

Rang c' (Rect. B.)

Hauteur des touffes	34 $^c/_m$
Longueur des feuilles	19 $^c/_m$
Largeur des feuilles	17 $^c/_m$
Hauteur des tiges	1^{m}58

La position du hile n'est donc pas indifférente et a une influence appréciable :

1° sur la germination, puisque les tiges du rang *c* ont, au 15 mai, 14 centimètres de hauteur, tandis que leurs voisines des rangs *a* et *b* atteignent seulement 10 et 12 centimètres.

2° Sur le développement de la plante. En effet, les touffes de soissons du rang *c* accusent, au 22 juin, un accroissement de hauteur de 10 centimètres comparées au rang *a*, et de 3 centimètres comparées au rang *b*.

Quant aux largeurs et longueurs des feuilles, elles sont aussi fort appréciables (varient suivant les rangs de 1 à 4 centimètres de développement en plus).

En ce qui concerne le rectangle B, lui aussi se ressent de la position du hile en terre, mais on se rend compte facilement, en parcourant le tableau qui précède, que les écarts entre les rangs *a'*, *b'*, *c'*, sont moins considérables que ceux constatés en *a*, *b*, *c* (rectangle A).

Les soissons ont été plantés dans un terrain ayant la même composition, exposé de la même manière et cependant les résultats ne sont pas identiques.

Il nous faut donc attribuer cette correction d'écarts au stimulus électrique (dynamique), et à lui seul.

Deuxième expérience

Désireux, avant de conclure, de nous appuyer sur de nouvelles constatations, nous reprîmes, une deuxième fois, l'expérience, dans un terrain différent, en opérant cette fois et sur des soissons, et sur des haricots rouges.

L'influence du stimulus électrique étant suffisamment établie, il n'y eut pas, au cours de cette deuxième expérience, de rectangle électrisé.

Les semailles eurent lieu le 17 juin et donnèrent les résultats ci-après :

Au 22 juin :

HARICOTS (18 dont 6 par rang). Aucune germination

SOISSONS (15 dont 5 par rang)

Rang *a.* hile en dessus	} 2 germinations	{ 2 $^{m}/_{m}$ 7 $^{m}/_{m}$
— *b.* hile vertical	} 3 —	{ 5 $^{m}/_{m}$ 6 $^{m}/_{m}$ 7 $^{m}/_{m}$
— *c.* hile horizontal en dessous	} 3 —	{ 6 $^{m}/_{m}$ 12 $^{m}/_{m}$ 14 $^{m}/_{m}$

Au 23 juin :

HARICOTS. Aucune germination

SOISSONS

Rang *a.* 4 germinations : 2, 5, 11, 20 $^m/_m$.
 — *b.* 5   —   10, 10, 18, 19, 25 $^m/_m$.
 —· *c.* 5   —   10, 14, 19, 38, 48 $^m/_m$.

Au 26 juin :

HARICOTS

Rang *a.* 6 germinations : 2, 5, 6, 6, 10, 11 $^m/_m$.
 — *b.* 6   —   10, 10, 12, 13, 15, 17 $^m/_m$.
 — *c.* 6   —   11, 12, 15, 17, 19, 40 $^m/_m$.

SOISSONS

Rang *a.* 5 germinations : 11, 15, 21, 30, 32 $^m/_m$.
 — *b* 5   —   19, 31, 52, 53, 53 $^m/_m$.
 — *c.* 5   —   34, 36, 56, 58, 63 $^m/_m$.

Au 29 juin :

SOISSONS

Résultats des deux plus belles plantes de chaque rang.

Rang *a*	hauteur tige.....	20 et 25 $^m/_m$ aérienne. 30 et 34 $^m/_m$ souterraine.	
	largeur feuilles..	30 et 48 $^m/_m$	
	longueur racines.	90 et 120 $^m/_m$	chevelu plus fourni que *b* et *c*.
Rang *b*	hauteur tige.....	50 et 52 $^m/_m$	
	largeur feuilles..	42 et 55 $^m/_m$	
	longueur racines.	90 et 90 $^m/_m$	chevelu un peu plus fourni que *c*.
Rang *c*	hauteur tige.....	75 et 80 $^m/_m$	
	largeur feuilles..	58 et 60 $^m/_m$	
	longueur racines.	80 et 90 $^m/_m$	

Au 1er juillet :

Voir les croquis de la plus belle pousse dans chaque catégorie (cliché), réduits au 1/5.

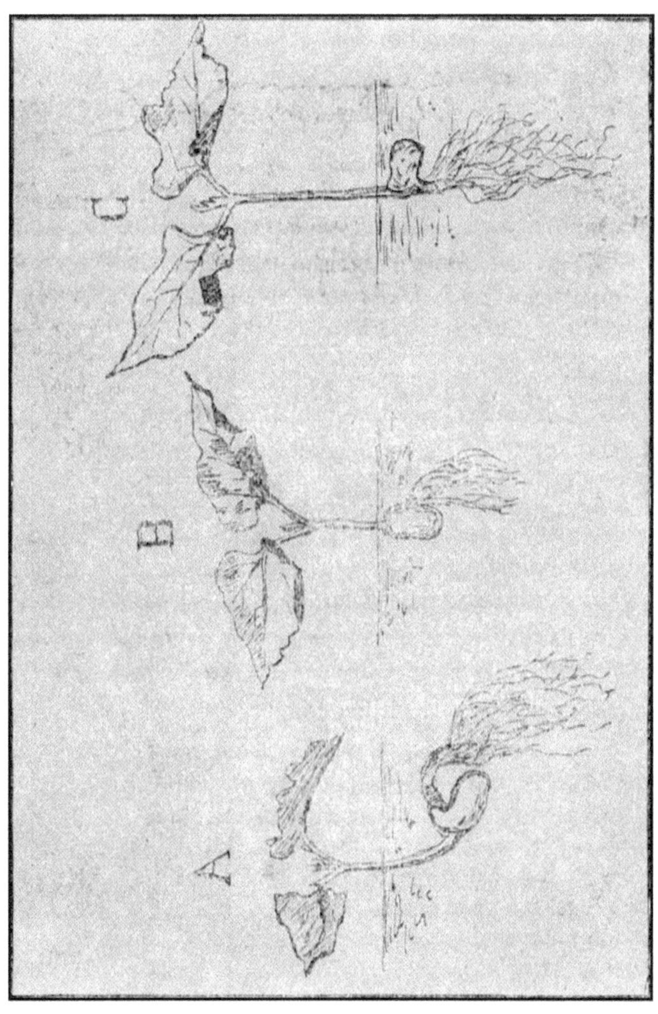

Les résultats de ces expériences, constatés par une centaine de personnes[11] au jardin Bertholon (école Victor-Hugo), tendent donc à prouver :

1° Que la position en terre du hile d'une graine a une influence considérable sur la germination et le développement ultérieur de la plante.

2° Que des trois positions expérimentées par nous, la meilleure est celle qui consiste à placer le hile horizontalement (en dessous) ; ensuite vient la position verticale ; et enfin la position horizontale (hile en dessus).

3° Que l'action électrique (dynamique dans le cas présent) stimule l'héliotropisme des légumineuses en activant le mouvement de polarité de la gemmule et de la tigelle vers l'air et le soleil, ainsi que cela ressort d'une manière évidente au tableau du 22 juin (rectangle B) : la hauteur des touffes de soissons varie seulement de 2 centimètres (32 et 34 cm), tandis qu'elle oscille entre 15 et 25 centimètres, soit de 10 centimètres dans le rectangle A (non électrisé).

4° L'action électrique semble agir également sur le géotropisme.[12]

En effet, pour que les soissons des rangs *a* et *b*, retardés dans leur germination par la position de leur hile (en dessus et vertical), puissent atteindre le développement de ceux des rangs *c*, il faut nécessairement que le développement

---

11. Élèves et professeurs de l'École Normale, directeurs et adjoints des écoles d'Angers.

12. Nous nous proposons de vérifier expérimentalement la deuxième partie de ces expériences : action du stimulus dynamique sur les racines seules.

des racines soit fonction de celui des tiges, que par conséquent le mouvement et la force qui entraînent la radicule vers la terre soient accélérés, augmentés.

On conçoit donc, maintenant, toute l'importance de cette observation, puisque l'action électrique stimule la radicule et la tigelle suffisamment pour redresser, dans une certaine mesure, les erreurs commises involontairement, par la nature et par l'homme, dans le travail naturel ou artificiel de la reproduction des plantes.

TROISIÈME PARTIE

ÉLECTRICITÉ STATIQUE

CHAPITRE I

Aux petits et aux grands propriétaires

Afin de répondre à plusieurs centaines de demandes qui nous ont été adressées, nous recommandons aux petits propriétaires, petits cultivateurs, vignerons, maraîchers, l'emploi des électricité atmosphérique, dynamique et tellurique captées ou produites par les appareils fort simples, et relativement peu coûteux, énumérés au chapitre IV (petits paratonnerres, géomagnétifères et dynamo-capteurs).

Pour ceux qui possèdent ou exploitent de vastes domaines et qui, grâce à leur industrie, à la proximité d'une usine électrique, ou au voisinage d'une chute d'eau, peuvent avoir le fluide sous la main, à ceux-là nous conseillons d'utiliser cette électricité statique en suivant la méthode de Sir Oliver Lodge, méthode mise par nous en pratique et au point depuis trois ans.

*

*   *

Nous allons donc étudier rapidement, dans cette troisième partie, l'influence de l'électricité statique sur les plantes, rappeler les expériences de l'abbé Bertholon et les travaux du professeur Selim Lemström, travaux qui servirent de base à Newmann et à Lodge, puis la méthode Lodge elle-même, et enfin, comment nous avons modifié cette méthode pour la rendre pratique, facilement installable et peu coûteuse.

CHAPITRE II

Électricité statique

En électroculture, on entend par électricité statique, l'électricité à haute tension, produite exclusivement par des machines :

a) Machines statiques proprement dites (Holtz, Ramsden, ertsch, etc. ;

b) Dynamo-électrique (Gramme, etc.). $\Big\}$ Associées ou non
c) Magnéto-électrique (Clarke, etc.). $\Big/$ à des transformateurs.

Les expériences du professeur Selim Lemström, de l'Université d'Helsingfors, ont démontré que l'électricité statique agissait sur l'ascension de la sève, en activant l'osmose et en faisant ainsi monter plus rapidement dans les vaisseaux capillaires des tissus les sucs absorbés par les racines.

CHAPITRE III

Expériences de l'Abbé Bertholon[13]

Le premier essai pratique[14] d'application de l'électricité statique à la végétation remonte à Bertholon qui, vers 1769, employait un procédé de culture nouveau et connu sous le nom d'arrosage électrique.

Voici en quoi consistait ce procédé :

Un jardinier était placé avec son arrosoir plein d'eau sur un isoloir (gâteau de pois et de résine) posé sur un chariot, traîné par un aide ou par un cheval. Une chaîne métallique suspendue à un bouton de l'habit du jardinier était en communication avec une machine électrique en fonction. D'après l'auteur, l'eau ainsi électrisée emportait avec elle des principes fécondants et possédait une vertu toute particulière, qui avait la plus grande influence sur l'économie végétale.

---

13. L'abbé Bertholon de Sain-Lazare, célèbre physicien, né à Lyon en 1742, mort en 1800, fut l'ami de Franklin. C'était une des célébrités scientifiques les plus en vue du XVIIIe siècle. C'est pour réparer, dans la mesure du possible, l'injustice et l'oubli dont il fut victime que nous avons tenu à donner son nom à notre jardin d'essais.

14. Ce fut vraisemblablement le Dr Maimbray, d'Édimbourg qui, le premier, vers 1746, eut l'idée de soumettre deux myrtes à l'action de l'électricité produite par une machine statique. Les deux myrtes poussèrent de plusieurs centimètres et fleurirent, alors que leurs voisins ne donnèrent rien de semblable.

« J'imagine bien, écrivait-il, qu'on ne doute pas que l'électricité est communiquée à l'eau qui sert à l'arrosement, car il serait facile d'opérer ici la plus ample conviction, puisque, si quelqu'un reçoit sur le visage ou sur la main cette pluie électrique, aussitôt il sent des piqûres électriques, effet des étincelles qui sortent de chaque goutte d'eau... »

Pour arroser les feuilles des arbres, le jardinier se servait d'une forte seringue au lieu de l'arrosoir.

Grâce à ces procédés, étranges pour l'époque, le bon abbé Bertholon, qui passa un peu pour un sorcier, obtint des salades d'une grosseur extraordinaire.

CHAPITRE III

Expériences de Selim Lemström[15]

La première expérience de Selim Lemström, professeur à l'Université d'Helsingfors, est relative à l'influence de l'électricité sur les liquides dans les tubes capillaires.

En se rappelant les observations qu'il fit dans les régions polaires, il fut amené à répéter cette expérience sur les végétaux, et eut, dès lors, la certitude que sous l'influence électrique il se produit dans la plante une augmentation de l'énergie qui fait circuler plus rapidement la sève dans les vaisseaux capillaires.

Il y a lieu de distinguer, toutefois, que seule l'électricité négative (celle qui va du sol vers l'atmosphère) est capable d'exercer cette action.

L'électricité positive, au contraire, amène à la plante les divers éléments de l'atmosphère et les introduit dans les tissus pour être assimilés.

Vers 1885, Lemström commence ses premiers essais d'électroculture. Le dispositif employé par lui était le suivant : un réseau de fils métalliques distants de 1 mètre, isolés et munis, tous les 50 centimètres, de pointes de laiton dirigées vers la terre, était tendu horizontalement au-

---

15. *Electricity in Agriculture and Horticulture*, Prof. Selim Lemström (1904), Talma Studios (2017).

dessus de la récolte à influencer ; le réseau communiquait avec le pôle positif d'une machine électrique dont le pôle négatif était relié au sol.

Pour ses dernières expériences, M. Selim Lemström s'est servi d'un courant fourni par une machine statique de son invention. Cette nouvelle machine, qui est à cylindres, l'emporte sur toutes les autres, d'abord parce que, pour une même quantité de travail, elle fournit trois ou quatre fois plus d'électricité, ensuite parce qu'elle permet d'accélérer fortement la rotation, et par là, d'alimenter un réseau métallique d'une plus grande surface. De plus, ce qui est à considérer, elle est moins sensible à l'humidité que les anciennes machines et peut fonctionner deux ou trois mois sans beaucoup de nettoyage. Les cylindres qui entrent dans sa construction ont 0,30 m de diamètre et 0,40 m de longueur.

Le petit cylindre est d'un diamètre moindre et d'une longueur légèrement inférieure à celle du grand.

Dans les dernières expériences, la machine fonctionnait quatre heures le matin et quatre heures le soir.

Une complète uniformité n'a pu pourtant être réalisée car, durant les jours de grande humidité, la machine ne fonctionna pas.

Par contre, elle marchait plus longtemps lorsque le ciel était couvert et que le rayonnement solaire ne rendait pas l'emploi de l'électricité défavorable à la végétation.

Le réseau métallique, relié à la machine, était disposé autour des champs de la manière suivante : un fil de fer galvanisé de 1,5 millimètre, placé sur des supports, faisait le tour des champs ; sur ce fil étaient tendus d'autres fils d'un demi-millimètre, à la distance de 1,25 m les uns des autres.

Le gros fil était fixé à des supports par des isolateurs en ébonite bien protégés et spécialement inventés dans ce but.

En 1898, des expériences furent faites sur diverses récoltes. Après cent soixante-quatre heures de traitement, un champ de tabac montra une différence de développement très notable. Les excédents de récolte furent de 39 % pour le tabac, de 8,7 % pour les carottes, de 11,20 % pour les betteraves et les fèves.

En 1899, les expériences furent reprises avec plus de soin.

Le traitement fut commencé le 16 juin, et arrêté le 24 septembre ; la machine fonctionnait de cinq à sept heures par jour.

Les excédents constatés sont les suivants :

Avoine	28,7%
Orge	23%
Carottes	37,5%
Pommes de terre	50%

Les pois et les choux donnèrent un déficit de 7,5 % pour les pois et 19,10 % pour les choux.

Les essais sur les céréales ont montré que la germination était plus prompte, que les plantes étaient plus vigoureuses et la récolte de meilleure qualité.

Le recul des pois et des choux est un phénomène qui avait été observé précédemment et qui montre que l'arrosage avait été insuffisant, du moins au commencement de l'expérience, et durant le mois de juin qui avait été très sec.

Les expériences de 1899 ont été considérées comme une préparation à celles de 1900. On tira surtout parti pour les expériences ultérieures de la connaissance qu'on avait acquise des propriétés du sol.

Les expériences faites durant l'été 1900 eurent principalement pour but de rechercher l'action de l'électricité pendant la nuit.

Voici comment elles ont été conduites, et quels ont été les résultats :

L'orge et les pois furent semés le 31 mai.

Les pommes de terre furent plantées le 5 juin.

Les carottes furent semées le 6 juin.

Les fèves et les betteraves sucrières furent semées le 8 juin.

Les fraises et les trèfles existaient.

Les champs d'expérience et de contrôle furent travaillés et fumés de la même façon.

Toutes les plantes levèrent en même temps sur le champ d'expérience et sur le champ de contrôle. La floraison eut également lieu en même temps sur les deux champs.

La machine fonctionna sans interruption, autant que possible, du 2 au 18 juin et du 6 au 13 septembre.

Pendant le reste du temps elle fonctionna à peu près uniformément depuis sept heures du soir jusqu'à sept heures du matin.

Les excédents constatés ont été les suivants :

Orge			26,4%
Foin			55,7%
Pommes de terre			17,0%
Carottes			92,7%
Fèves			33,3%
Betteraves sucrières			42,2%
Fraises			88,7%
Trèfle		Foin	19,8%
		Graine	13,4%

De toutes les expériences qu'il a faites, M. Selim Lemström croit pouvoir tirer des conclusions qui, sans avoir atteint le degré de certitude nécessaire, ne manquent pourtant pas d'intérêt, tant au point de vue scientifique qu'au point de vue pratique :

1° On n'a pu déterminer exactement pour les diverses plantes soumises à l'expérimentation, dans quelle proportion leur développement s'accroît réellement.

En l'estimant à 45 % dans les terres de qualité moyenne, on est bien près du chiffre minimum.

2° La proportion dans laquelle le développement s'accroît est d'autant plus élevée que le sol est mieux labouré et amendé. Dans les terrains maigres, elle est si minime qu'elle ne se manifeste plus d'une manière sensible.

3° Certaines plantes ne supportent pas le traitement à l'électricité si on ne les arrose pas ; mais, au contraire, leur surproduction atteint une proportion très élevée si elles sont arrosées. À cette catégorie appartiennent, entre autres, les fraises, les pois, les carottes et les choux.

4° Le traitement à l'électricité par une forte chaleur solaire est nuisible à la plupart des plantes, probablement à toutes, de sorte que pour obtenir de bons résultats, il faut, lorsqu'il y a du soleil et qu'il fait chaud, interrompre le traitement au milieu du jour.

À la mort de Lemström en 1904, il ne se trouva personne à l'Université d'Helsingfors pour continuer avec le même zèle et la même compétence les travaux du savant professeur.

Et puis, dans la pratique, on se heurtait à deux grosses difficultés :

1° Entretien et fonctionnement de la machine.

2° Nécessité de surélever le grillage qui recouvre le champ.

Il est évident que, sans cette condition, les travaux agricoles, bêchage, arrosage, taille, etc., devenaient impossibles à moins de pouvoir, alternativement, lever et baisser le filet métallique.

On avait bien songé à élever de deux ou trois mètres le filet, mais les machines électriques employées étaient peu puissantes, et par temps humide la déperdition d'électricité était considérable.

CHAPITRE V

Expériences de M. Newmann

Le procédé inventé par Lemström menaçait de tomber dans l'abandon quand, quelques mois après sa mort, un jeune ingénieur-électricien anglais, M. Newmann, le reprit pendant l'hiver 1904.

À cet effet, il installa à Bitton, près de Bristol, un dispositif des plus ingénieux.

Le courant était fourni par une petite machine électrique, genre Whimsthurst, actionnée par un moteur à pétrole.

Pour la soustraire, dans la mesure du possible, aux influences extérieures (brouillard, pluie, poussière, etc.), on l'avait installée dans un petit hangar bien clos.

Cette source électrique communiquait, d'une part avec le sol (élément négatif), et d'autre part avec un réseau métallique (le filet métallique de Lemström) qui était tendu horizontalement à 0,40 m au-dessus des plantes soumises aux expériences.

Ces plantes couvraient une surface de 100 mètres carrés.

Un certain nombre de fils verticaux, taillés en pointe, ramenaient l'électricité positive le plus près possible de la plante.

Les expériences durèrent environ quatre mois (exactement cent huit jours, du 7 mars au 26 juillet), la machine fonctionna en moyenne huit à dix heures par jour.

Les résultats obtenus furent les suivants :

1° Des surproductions : de 17 % sur le rendement normal des concombres ; de 8 % sur le rendement normal des fraisiers d'un an, de 36 % sur le rendement normal des fraisiers de cinq ans.

2° Une maturité plus grande fut constatée sur :

– les haricots (cinq jours)

– les choux de printemps (dix jours)

3° Le rendement des haricots fut de 15 % inférieur à la normale.

4° les tomates s'étaient montrées indifférentes à l'action électrique.

En outre, on constata la parfaite inutilité à faire passer le courant électrique lorsque le temps est humide : les pertes de fluide sont énormes et les résultats insignifiants.

*

* *

L'année suivante, à Gloucester, M. Newmann reprenait ses expériences et commençait, grâce à la puissance plus considérable de sa source électrique, à perfectionner le procédé Lemström, c'est-à-dire en élevant jusqu'à 1,50 m au-dessus du sol le filet métallique.

Les betteraves récoltées par ce procédé présentèrent une augmentation de poids de 33 % et donnèrent, d'après l'expérimentateur, un meilleur rendement en sucre : 9 % au lieu de 7 %.

C'est alors qu'encouragé par ce dernier succès, M. Newmann fit part de ses expériences à M. Bomfort, un gros propriétaire de Salford-Priors, et qu'ensemble, ils vinrent trouver le célèbre électricien Sir Oliver Lodge pour lui demander de les aider à maintenir des courants à haute tension sur des champs de grande superficie, de façon à voir si un résultat vraiment pratique pourrait être obtenu.

Oliver Lodge accepta, ce fut son fils et élève Lionel, qui fut chargé, sur ses conseils et d'après ses plans, de procéder à l'installation.

Deux champs de chacun 8 hectares furent labourés, ensemencés, amendés de la même manière ; un seul fut électrifié.

CHAPITRE VI

Méthode Lodge-Newmann

Pour rendre la méthode pratique, peu onéreuse, Lodge partit de ce principe qu'une assez faible quantité d'électricité était suffisante pour arriver au résultat, mais à la condition de la faire agir sous une très haute tension.

Voici donc son dispositif :

Une petite dynamo de 3 ampères sous 220 volts était actionnée par un petit moteur à pétrole de deux chevaux.

Le courant produit par ce petit groupe électrogène était amené par un fil ordinaire dans une petite hutte où se trouvaient installés les appareils de transformation, consistant en une grande bobine à induction, construite de manière à supporter un usage continuel, et d'un redresseur à valves à vide, inventé et breveté par Oliver Lodge.

Ce transformateur fournissait de l'électricité oscillatoire au potentiel d'environ 100 000 volts.

Cette électricité était alors lancée dans un réseau métallique (fil de fer galvanisé) à très larges mailles, et placé le plus haut possible au-dessus du champ électrifié (environ 4 à 5 mètres).

Le réseau était supporté, de distance en distance, par des poteaux munis d'isolateurs.

Tandis que la charge négative passait directement dans le sol, la charge positive « s'échappait des fils en crépitant », produisant un bruit analogue au bourdonnement d'un essaim d'abeilles, et donnant naissance, la nuit, à des lueurs très visibles autour des fils.

L'électrification fut maintenue pendant quelques heures tous les jours, et interrompue la nuit.

Sir Oliver Lodge prétend, qu'au printemps et en été, il suffit de la maintenir pendant deux ou trois heures, et toute la journée par les temps orageux et froids.

Les résultats furent les suivants :

– Année 1906

Plante	Type	Récolte (hl/ha)	Augmentation
Froment canadien rouge (Red fife)	électrifié	31,88	39,21 %
	ordinaire	22,9	
Froment anglais blanc (White queen)	électrifié	35,92	29,05 %
	ordinaire	27,84	

Le blé électrifié était plus beau, et a obtenu, à la vente, une prime de 7,5 %, et à l'analyse de M. Kirkland, de l'École nationale de boulangerie de Londres, un excédent en gluten de 0,85 % sur le blé ordinaire.

– Année 1907

Plante	Type	Récolte (hl/ha)	Augmentation
Froment canadien rouge (Red fife)	électrifié	37,18	29,71%
	ordinaire	28,74	

Des essais concernant les fraises, les navets, betteraves et autres légumes, ont donné des augmentations variant de 25 à 40 %.

En résumé, M. Newmann se montra si enthousiasmé par les résultats obtenus qu'il établit l'année suivante une installation semblable dans ses serres voisines de Bristol.

CHAPITRE VII

Essais tentés en Allemagne en 1908

Les idées de S. Lemström ont fait d'immenses progrès en six ans.

Dès 1908, la méthode Lodge est connue et mise en pratique en Allemagne, témoin le rapport qu'adresse en janvier 1909, au journal *Die Woche*[16], l'ingénieur Max Breslauer, Privat-docent à la Haute école d'agriculture de Charlottenbourg, rapport dont nous extrayons les lignes suivantes :

« Il semble dès lors (après les résultats de 1906 obtenus par Newmann et Lodge), que les conceptions de Lemström se trouvent réalisées et que son idée est mûre pour l'application à la grande culture. Pour faire connaitre l'étonnante simplicité de ces installations à nos agriculteurs allemands, il était nécessaire de créer un champ de démonstration. C'est ce que j'ai fait dans les environs de Berlin. Il s'agissait là, tout d'abord, de convaincre les paysans par leurs propres yeux : 1° de la simplicité de l'installation, 2° du peu d'importance relative

---

16. Voir le journal *Die Woche*, n° 5, 30 janvier 1909, page 178.

de la mise de fonds, 3° de l'entretien et des soins restreints qu'elle exige. Effectivement, de nombreuses visites d'agriculteurs notables eurent lieu, des associations rurales vinrent en grand nombre, et il fut intéressant de remarquer l'étonnement de tous, lorsqu'ils constatèrent la simplicité de toute l'organisation... »

« Les frais d'établissement, pour environ 100 arpents de Prusse (25 hectares), se montent à cinq mille marks, y compris les réseaux de la machinerie. On estime à 10 % l'amortissement de cette somme ; les frais de personnel et de dépense de courant sont d'environ soixante-quinze marks pour chaque saison, de telle sorte qu'on arrive à une dépense annuelle de sept cents marks. Dans le même temps, on peut évaluer le rendement à 25 % au bas mot, pour le blé, soit un revenu de deux mille sept cents marks pour la superficie indiquée, ce qui donne en fin de compte un bénéfice de deux mille marks. Si l'on veut poursuivre le calcul, on voit que les frais d'installation sont amortis en deux années, au bout desquelles les bénéfices nets reviennent au propriétaire. (...) Ces chiffres se passent de tout autre commentaire. L'intérêt que ces expériences ont soulevé est devenu bien vivant, et il est permis d'espérer, qu'à la saison prochaine, un certain nombre de grandes exploitations entreront dans cette voie. Puisse l'agriculture allemande répondre à cet appel et marcher dans cette voie en précurseur comme en toutes choses ! Elle aura bientôt gagné l'avance acquise par l'Angleterre. »

CHAPITRE VIII

Expériences personnelles

§ 1. — Historique

Dès 1901[17], nous avions eu l'idée de soumettre à l'action d'une petite machine électrique de laboratoire (Ramsden) des grains de blé et de maïs semés, depuis quinze jours, dans des vases dont la terre qu'ils renfermaient avait la même composition.

Nos six vases, préalablement isolés au moyen d'une table de verre, mais réunis entre eux par des fils de cuivre, furent soumis pendant quinze jours, deux heures par jour, à l'action de la machine Ramsden.

Les témoins furent traités au triple point de vue, chaleur, lumière et humidité, de la même manière que les électrisés.

Dès le quatrième jour, un accroissement de végétation sensible à la vue, se produisit dans les pots électrisés.

Au bout de huit jours, la dimension des feuilles de blé était dans la proportion de 18 (électrisé) à 12 (non électrisé), les tiges de maïs dans celle de 9 (électrisé) à 4 (non électrisé).

---

17. Ces premières expériences eurent lieu à Saint-Nazaire.

Quant au bout de quinze jours le traitement, ou plutôt notre patience, prit fin, les résultats, des plus satisfaisants, étaient les suivants :

Le blé électrisé avait 29 centimètres contre 20 centimètres.

Le maïs électrisé avait 17 centimètres contre 8 centimètres.

*
*   *

La difficulté de nous procurer de l'électricité statique nous fit abandonner, pour un temps, nos expériences, et ce fut vers la captation de l'électricité atmosphérique, et l'utilisation de l'électricité dynamique que nous orientâmes nos recherches.

Dès notre arrivée à Angers en février 1907, nous avions bien pensé, un instant, à l'utilisation du courant continu (500 volts) qui actionne nos tramways ou à celle du courant de 200 volts qui éclaire nos boulevards, mais c'était une installation très coûteuse et presque impossible.

Un jour, c'était en octobre 1907, en passant par Morannes (Maine-et-Loire), on parla devant nous de la nouvelle usine hydro-électrique de Villechien.

Désireux de visiter dans tous ses détails cette usine électrique, unique en son genre dans le département, puisqu'elle seule utilise la houille verte, nous descendîmes jusqu'à Brissarthe, au moulin de Villechien.

Nous empruntons à M. Eugène Foubert, directeur du Pays Bleu, les lignes suivantes :

« Le barrage de Villechien, qui a une longueur de 150 mètres et une hauteur de 1,40 mètre, laisse passer en été une moyenne de 14 mètres cubes d'eau à la seconde, ce qui représente une énergie en eau tombée de 260 chevaux. L'eau utilisée par l'usine est celle débitée par deux « coursiers » de 1,40 mètre de largeur, qui ne laissent passer que 7 000 litres à la seconde. La puissance installée ressort donc à environ 75 chevaux. Les roues du moulin actionnent une transmission générale qui commande, par courroies, deux machines électriques, pouvant absorber chacune 55 chevaux, et produisant directement des courants alternatifs triphasés à 3 000 volts. Les courants ainsi produits sont canalisés vers une grande cage grillagée formant un tableau de distribution et dans laquelle se trouvent sous les appareils de commande, de couplage, de mesure de sécurité, les parafoudres, les limiteurs de tension nécessaires à la bonne conduite de l'installation. Dans des salles contiguës se trouvent la machine à vapeur et la chaudière. Du tableau partent six fils constituants les lignes nord et sud, lesquelles vont s'amarrer au sommet d'un pylône établi sur le moulin, traversent le canal navigable à une hauteur de 17 mètres et arrivent au pylône distributeur d'où trois fils partent vers Morannes, Chemiré et Saint-Denis d'Anjou (ligne du nord) et trois fils vers Brissarthe, Châteauneuf, Juvardeil, Cheffes et Tiercé (lignes du sud). »

Des terrains de culture, favorables à la mise en œuvre de l'idée que nous caressions depuis longtemps, s'étendaient en bordure de la route à 80 mètres de l'usine.

Nous avions trouvé ce que nous cherchions depuis six ans[18] : un terrain à la portée d'un courant produit d'une façon constante, pratique et peu onéreuse.

Nous nous mîmes immédiatement en relation avec le propriétaire de l'usine et des terrains voisins. Nous eûmes le bonheur de rencontrer en la personne du propriétaire, non seulement un collègue bienveillant et dévoué à notre cause, mais aussi un savant des plus éclairé et des plus compétent dans la matière.

Nous sommes heureux d'adresser publiquement à M. L. Ponsolle l'expression de notre profonde gratitude et nos sincères remerciements pour le concours désintéressé et éclairé qu'il a bien voulu nous apporter au cours de notre installation et de nos expériences.

§ 2. — Expériences de 1908

Dès le mois de février 1908, nous procédâmes à nos essais :

CHAMP ET PLANTES CHOISIS

Un champ de 110 mètres de long sur 30 mètres de large environ et une vigne de 40 mètres sur 20 mètres furent mis à notre disposition.

---

18. Vivant, à l'époque, simplement sur le souvenir des expériences de Selim Lemström, nous ignorions totalement, en octobre 1907, les essais de Newmann et les expériences de Lodge qui durèrent deux ans (1906 et 1907) et dont les résultats parvinrent seulement à notre connaissance, pour la première fois, le 27 septembre 1908. Il nous a semblé utile d'établir ce rapprochement de dates.

Le champ fut d'abord labouré et amendé d'une façon identique dans toutes ses parties ; puis ensuite il fut divisé en deux rectangles aussi égaux que possible.

Le rectangle nord devait servir de témoin, et le rectangle sud devait être seul électrifié.

Les plantes choisies furent l'orge, la luzerne et les betteraves.

À part les plants de betteraves, qui provenaient de graines électrisées semées dans notre jardin[19] d'électroculture d'Angers, l'orge et la luzerne de la partie sud ne furent pas électrisées avant les semailles, pas plus que celles de la partie nord.

Quant à la vigne, atteinte de phylloxera, elle devait servir à des expériences spéciales en employant des courants souterrains à basse tension.

Ces expériences, aujourd'hui encore en cours, ne seront point relatées dans ce travail.

Courant, transformateur, interrupteur

Nous avions songé, primitivement, à employer le courant tel qu'il sortait de l'usine, c'est-à-dire sous la tension de 3 000 volts.

Sur les conseils de M. Ponsolle ce courant fut porté, grâce à l'emploi d'un transformateur d'un modèle spécial, à la tension de 30 000 volts.

---

19. Jardin mis gracieusement à notre disposition par M. Jouteau, directeur de l'école Victor-Hugo.

Amené normalement, et sans aucun frais supplémentaire, près d'une annexe de l'usine où était enfermé le transformateur, le courant (pôle positif), sous la tension de 30 000 volts se répandait dans notre réseau métallique décrit plus loin, et allait à l'extrémité du champ électrifié se perdre dans la terre, précaution indispensable pour éviter un court-circuit, toujours possible.

Quant au pôle négatif, il était mis à la terre dès l'origine du circuit.

Enfin, un interrupteur puissant permettait d'interrompre à volonté le passage du courant (en fin de traitement journalier, ou pour toute autre cause).

Réseau métallique

Le réseau métallique destiné à recouvrir le champ était formé de fils de fer galvanisés de deux grosseurs (4 mm et 2 mm), et composé de la façon suivante :

1° Par trois fils dirigés N. S. (*ab*, *cd*, *ef*) de 4 mm, d'une longueur d'environ 50 mètres.

2° Par deux fils dirigés E. O. (*ea*, *fb*) de 4 mm, d'une longueur d'environ 25 mètres.

3° Par trois fils dirigés E. O. (*gg*, *g'g'*, *g"g"*) de 2 mm, d'une longueur d'environ 25 mètres.

On obtenait donc ainsi un réseau possédant huit grandes mailles d'environ 12 mètres sur 10 mètres, soutenu, au point de rencontre des fils, par quinze grandes perches pourvues d'isolateurs en porcelaine et maintenues au-dessus du sol à une distance de 3 mètres.

Enfin, tous les 3 mètres, des pointes métalliques longues de 2 mètres (fil de fer de 2 mm) étaient disposées.

Ces pointes étaient destinées à diffuser davantage l'électricité, et à créer une sorte d'atmosphère orageuse dans le voisinage immédiat des plantes.

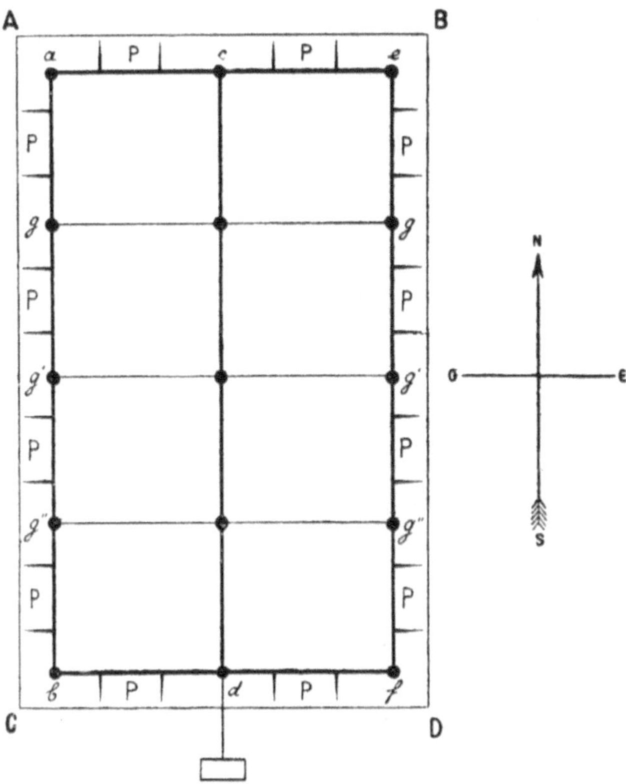

Ces pointes étaient mobiles et pouvaient pivoter autour du fil horizontal comme axe, et prendre la position relevée suivante (voir fig. ci-dessous).

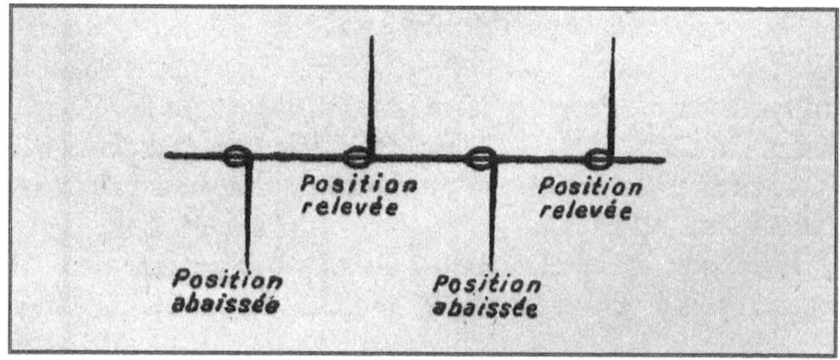

Cette disposition permettait aux ouvriers agricoles de circuler facilement, même avec une voiture, sous les mailles du réseau.

Elle offrait, en outre, l'avantage de créer, une fois les pointes toutes relevées et le courant interrompu, un vaste champ électrique capable de capter d'importantes quantités d'électricité atmosphérique et de remplir une des fonctions de notre dynamo-capteur (voir Première partie, chapitre IV).

À noter la précaution suivante, prise pour diffuser davantage l'électricité sur les bords du cadre aefb, et afin de l'envoyer sur les lisières du champ ABDC : les pointes, au lieu d'être placées verticalement, étaient placées obliquement suivant P. À cet effet, les pointes mises en bordure mesuraient 2,50 mètres au lieu de 2 mètres.

L'électrification du champ eut lieu le jour, elle fut basée sur l'état atmosphérique ; elle fut donc réglée de la façon suivante :

Par un temps orageux, lourd, froid et sec : le traitement est employé.

Par un temps pluvieux ou très chaud : le traitement est suspendu.

RÉSULTATS

Quant à nos résultats, ils se traduisirent par une surproduction capable de payer, dès la première année, nos frais d'installation (transformateur non compris, cela va sans dire).

*
*　*

Nous ne voulons pas terminer cette troisième partie sans citer, à titre d'exemple, le fait suivant, qui nous a été rapporté par M. Ponsolle lui-même.

Un habitant de Châteauneuf-sur-Sarthe plantait (tel l'octogénaire de la fable) des choux depuis de nombreuses années dans un jardin.

Les choux se montraient récalcitrants à pousser dans le terrain qui, d'année en année, leur était imposé. Or, l'année dernière, quelle ne fut pas la surprise, agréable entre toutes, de notre propriétaire en voyant ses choux prendre un développement anormal, surtout suivant un certain « filon ».

Très intrigué, il en parla à Pierre et à Paul. Il fut traité de farceur. Notre homme se fâcha. Et un beau jour, alors que, se grattant la tête, il levait mélancoliquement les yeux au ciel, il aperçut les fils électriques qui passaient au-dessus de lui. L'étincelle jaillit ! Il se demanda si ces « fils » n'étaient pas la cause de ce miracle. Il consulta M. Ponsolle, fut rassuré et émerveillé : – Le courant de 3 000 volts, passant à 5 mètres au-dessus de son champ, avait laissé dans son cerveau, et surtout sur ses choux, une… signature ineffaçable !

CONCLUSIONS

Les résultats acquis en France et à l'étranger ne permettent plus, aujourd'hui, de douter de l'influence heureuse qu'exerce l'électricité sur le développement des plantes et la surproduction des récoltes.

La presse, les revues agricoles ou scientifiques, ont porté ces résultats à la connaissance du public, mais il semble que les auteurs des articles se soient tous entendus pour poser les mêmes conclusions, conclusions qui peuvent se résumer ainsi :

« Penser que la fée Électricité viendra bientôt féconder nos sillons, est une perspective fort séduisante[20] », « sans doute les résultats sont probants, indéniables, merveilleux... » Mais (ici le feu de paille s'éteint), les bénéfices réalisés couvriront-ils les frais d'installation, la sauce ne sera-t-elle pas plus chère que le poisson[21] ?...

Sans doute, les premiers essais occasionnent très souvent tâtonnements et bien des fausses manœuvres ; parfois même, ce sont de cruelles déceptions qui attendent l'innovateur, déceptions suivies naturellement de pertes pécuniaires. Mais l'énergie et la ténacité, mises au service de la foi, engendrent le succès, qui sera d'autant plus éclatant que l'effort aura été grand et pénible.

---

20. J.-B. Martin, professeur départemental d'agriculture (*Progrès agricole et viticole*, 11 septembre 1908, et *Dépêche de Tours*).

21. *La France de Bordeaux*, 18 septembre 1908.

Sans sa volonté et son énergie, Blériot se ruinait, et ne traversait pas la Manche.

C'est un effort que nous demandons à tous, petits et grands, riches et pauvres, car dans le champ immense des applications de l'électricité à l'agriculture (depuis l'emploi de notre petit paratonnerre, dont le prix de revient est de quinze centimes, jusqu'à l'installation de Newmann-Lodge), il y a place pour bien des énergies, des bonnes volontés et des fortunes !

Oui, c'est un effort, et un grand, qu'il faut faire pour passer du domaine de la théorie à celui de la pratique, pour combattre la routine et vaincre l'apathie qui nous enlinceulent, tels des tardigrades dans un manteau de pierre.

Et cet effort, à l'heure actuelle, personne ne veut le faire, personne ne veut commencer...

Au cours de ces neuf années d'études, d'expériences et de propagande, nous avons sans doute rencontré bien des sympathies et bien des concours désintéressés, recueilli maints encouragements, lié de bonnes et solides amitiés. Mais combien parmi les fortunés ont suivi nos conseils et nos exhortations ? Seuls quelques modestes cultivateurs, quelques curieux, plus enclins, peut-être, à blâmer qu'à bien faire, ont essayé bien timidement et dans des conditions défavorables et peu scientifiques.

Ce ne sont malheureusement pas ces efforts isolés, ces expériences sans suite dans les idées, ces essais sans lendemain, ni hélas les conférences que nous avons pu faire dans l'ouest, le centre et le sud-est de la France, ni la création de champs et jardins d'expérience – si peu visités – qui détermineront les intéressés à entrer dans la voie nouvelle.

Seul l'effort réfléchi et collectif d'une génération instruite et préparée à nos idées, désireuse de toujours plus de progrès, sera capable de déclencher le grand mouvement de marche en avant, sans avoir dans la tête, à chaque instant, la pensée de s'arrêter pour regarder en arrière et pour supputer les bénéfices.

C'est à nous, membres des sociétés savantes françaises, qu'il appartient de former dès maintenant cette jeunesse, en créant à la science nouvelle une ambiance bienveillante et favorable, en la connaissant d'abord, en l'enseignant ensuite, et en la mettant en pratique si nous en avons le courage.

Nous nous sommes adressés aux militaires de nos régiments, aux instituteurs de notre arrondissement, et aux élèves de l'École Normale de notre département, nous avons exposé nos résultats, et ceux des grands savants qui nous ont précédé, dans une dizaine de concours agricoles, dans trois grandes expositions ; l'idée est semée... au nom de la science, pour l'honneur de la France, n'étouffons pas cette petite graine dans sa laborieuse gestation, au contraire, réchauffons-la par nos encouragements, nos conseils et, si nous le pouvons, par un peu de notre superflu.

Voyons ce qui se passe en Allemagne dès qu'une découverte est signalée, dès qu'une idée nouvelle voit le jour. Immédiatement, la découverte, l'idée nouvelle est essayée, modifiée ; on ne se préoccupe pas des bénéfices présents, on travaille pour l'avenir.

Travailler pour demain, mais n'est-ce point le but pratique de la science ?

À peine la méthode Newmann-Lodge est-elle connue sur les bords de la Sprée, que l'ingénieur Breslauer l'adopte et l'applique. Le pays entier s'intéresse à son œuvre, des sociétés agricoles visitent son exploitation. On émet des idées, on discute, on modifie ou perfectionne : c'est une nouvelle victoire de l'industrie allemande !

Chez nous, malheureusement, rien de semblable : on s'emballe, on applaudit, et quand l'heure de la réalisation du projet a sonné, quand il faut mettre la main à la poche, les bonnes volontés se sont évanouies… L'expérimentateur, l'innovateur se trouve alors seul, en présence de son idée, de son invention qu'il se prend, peut-être, à maudire ou à regretter, parce que, souvent, il n'a pas les moyens de lui donner le jour. Le résultat pratique et inéluctable de ce malheureux état de chose n'est pas long à se répercuter dans notre pays.

L'invasion de produits exotiques, de machines étrangères qui auraient dû voir le jour sous notre ciel, est rapide, et ne tarde pas à gangrener la puissance industrielle, agricole, et donc économique de la France.

Nous pourrions citer de nombreux exemples à l'appui de nos dires. Les quatre suivant son suffisamment éloquents :

L'idée de « forcer », d'exciter et stimuler les réserves florales de certaines plantes par l'emploi de l'éther et du chloroforme, a été expérimentée pour la première fois en France, des essais en grand eurent même lieu dans le midi. L'idée a été reprise – naturellement par l'Allemagne

– et actuellement des industries se sont installées dans ce but à Munich, et demain, les mimosas, les lilas et roses allemands seront vendus sur les marchés français, moins chers que les fleurs d'Angers, de Nice et de la côte d'Azur !

Bientôt nos fruits, si vantés, seront remplacés sur la table du riche par les poires du Canada, les pêches du Cap et les fraises de la Floride (ces dernières étant obtenues par forçage électrique), grâce à leur transport en wagons et bateaux frigorifiques.

Depuis de longues années, notre beurre régnait en maître sur le marché anglais : 30 000 tonnes passaient le détroit en 1900. Seulement 17 000 tonnes le passèrent en 1906 ! Et pourquoi cette baisse ? Parce que le marché anglais est aujourd'hui accaparé par les beurres d'Australie et du Canada qui, expédiés par les procédés indiqués plus haut, arrivent à Londres aussi frais que s'ils avaient été faits de la veille.

Voilà le mal. Ou est le remède ?

L'avenir de l'agriculture française, menacé par les produits étrangers qui abondent dans nos ports et sur nos marchés, est aux mains du travail et de la science.

Nous avons raison de demander au travail ce qu'il peut nous donner, mais ne négligeons pas la science. Souvenons-nous toujours que celui-là seul sera vraiment aidé, qui s'aidera lui-même.

Puissent ces quelques pages écrites avec une conviction profonde, et surtout désintéressée, exciter la légitime curiosité de certains, réveiller des énergies endormies, et faire éclore des volontés nouvelles. Notre but serait grandement atteint, et notre temps, pris souvent sur bien des heures de repos, n'aurait pas été perdu.

Après avoir été les premiers avec l'abbé Bertholon qui, en 1783, jeta les principes fondamentaux de l'électroculture, et notamment, après les admirables travaux scientifiques de Becquerel, Boussingault, Grandeau et Berthelot, les magnifiques expériences de Beckensteiner, du Frère Paulin, et de tant d'autres, allons-nous, dis-je, comme en toute chose, nous laisser distancer par l'étranger, allons-nous laisser le professeur prussien Breslauer décerner à son pays le titre de Précurseur ?

À nous de répondre !...

DE LA FERTILISATION ÉLECTRIQUE DES PLANTES

ESSAIS D'ÉLECTROCULTURE

Année 1910

Expériences et résultats par
le lieutenant Fernand Basty
du 135ᵉ Régiment d'infanterie

Membre titulaire de
la Société d'études scientifiques d'Angers

AVANT-PROPOS

Les communications que nous avons faites, au cours de l'année 1910, à la Société d'études scientifiques d'Angers, relatant nos travaux, nos recherches, nos tâtonnements heureux ou malheureux, entrepris dans l'application des électricités naturelles à la culture proprement dite des plantes, peuvent se diviser en trois parties :

PREMIÈRE PARTIE

a) Recherches nouvelles nécessitées pour préciser certains faits encore mal définis ;

b) Achèvement d'expériences qu'il était impossible de terminer en une année.

DEUXIÈME PARTIE

Compte-rendu des expériences entreprises, avec nos appareils, par un de nos correspondants.

TROISIÈME PARTIE

Enfin, dans une troisième partie ayant pour titre : *Orientation de l'opinion publique vers l'utilisation de l'électricité statique à haute tension*, nous indiquons le but vers lequel nous devons tous, le plus particulièrement, diriger nos efforts.

C'est dans cet ordre d'idées que nous présentons notre travail.

F. B.

PREMIÈRE PARTIE

Expériences de 1910
tentées à Angers, au Jardin Bertholon
(école Victor-Hugo)

Chapitre I

§ 1. But

Nos expériences de 1910 eurent un quadruple but :

1) Déterminer, aussi exactement que possible, l'influence des appareils employés ;

2) Rechercher quelle pouvait être l'influence d'un courant déterminé, appliqué aux graines, avant les semailles, sur le développement et la récolte de la future plante ;

3) Entre deux courants expérimentés (1/100 et 3/1000 d'ampère), déterminer le meilleur ;

4) Reprendre et achever nos expériences précédentes relatives à la position du hile, en terre, de certaines graines, et montrer son influence sur le développement des racines et la production des fruits.

§ 2. Appareils employés

Les appareils employés furent ceux de l'année 1909, présentés et décrits dans notre ouvrage *De la Fertilisation électrique des plantes* (Tome I)[22], à savoir :

– appareils capteurs d'électricité atmosphérique : électro-capteur F. B. ; petits paratonnerres F. B. ;

– appareil producteur d'électricité dynamique : plaques système Spechnev (modifiées F. B.) ;

– appareil capteur d'électricité atmosphérique, producteur d'électricité dynamique et utilisant l'électricité tellurique : Dynamo-capteur F. B.

§ 3. Plantes choisies

Les plantes choisies pour être soumises aux expériences furent :

      a) Graminées : orge, maïs ;

      b) Légumineuses : soissons, trèfle incarnat ;

      c) Chénopodées : betteraves ;

      d) Urticées : chanvre ;

      e) Crucifères : moutarde.

---

1. Lorsque nous renvoyons le lecteur à cet ouvrage, nous l'indiquons par les abréviations suivantes : F. E. D. P. (Tome I).

§ 4. Traitement électrique imposé
aux graines avant les semailles

Des graines de betteraves, chanvre, moutarde, orge, soissons furent soumises à l'action d'un courant au 1/100 d'ampère pendant une heure, dans les conditions indiquées dans F. E. D. P. (Tome I).

Des graines de même qualité et des mêmes espèces furent soumises à l'action d'un courant de 3/1000 d'ampère pendant deux heures.

Le même jour (22 mai 1910), toutes ces graines furent semées dans des rectangles de terrain de même superficie et de même qualité que les témoins.

§ 5. Affectation des plantes aux appareils

Dans la sphère d'influence de :
a) L'électro-capteur, on sema :
   1) du chanvre électrisé aux 1/100 et 3/1000 d'ampère ;
   2) de l'orge électrisée aux 1/100 et 3/1000 d'ampère ;

b) Des petits paratonnerres
   1) du chanvre électrisé aux 1/100 et 3/1000 d'ampère ;
   2) de l'orge électrisée aux 1/100 et 3/1000 d'ampère ;
   3) des betteraves électrisées aux 1/100 et 3/1000 d'ampère ;
   4) des soissons électrisés aux 1/100 et 3/1000 d'ampère ;

c) Des plaques productrices d'électricité dynamique

1) de la moutarde électrisée aux 1/100 et 3/1000 d'ampère ;

d) Du dynamo-capteur

1) du chanvre électrisé aux 1/100 et 3/1000 d'ampère ;
2) de l'orge électrisée aux 1/100 et 3/1000 d'ampère ;
3) des soissons électrisés aux 1/100 et 3/1000 d'ampère.

§ 6. Plan du jardin

Le jardin d'expériences conserva sa forme rectangulaire de l'année précédente, avec allées isolatrices (voir plan et photographie pages suivantes : vue d'ensemble au 29 juin).

Les rectangles témoins restèrent situés au sud, les rectangles électrisés au nord.

Vue d'ensemble du Jardin " *Bertholon* " au 27 Juin 1916

Cliché Loubatier, Angers.

On peut remarquer : *a/* Les *appareils* : 1. Electro-capteur ; 2. Dynamo-capteur ; 3. Petits paratonnerres.
b/ L'influence des appareils sur : Chanvre (4), voir son témoin (5) ; Chanvre (6), voir son témoin (7) ; Orge (8), voir son témoin (9).

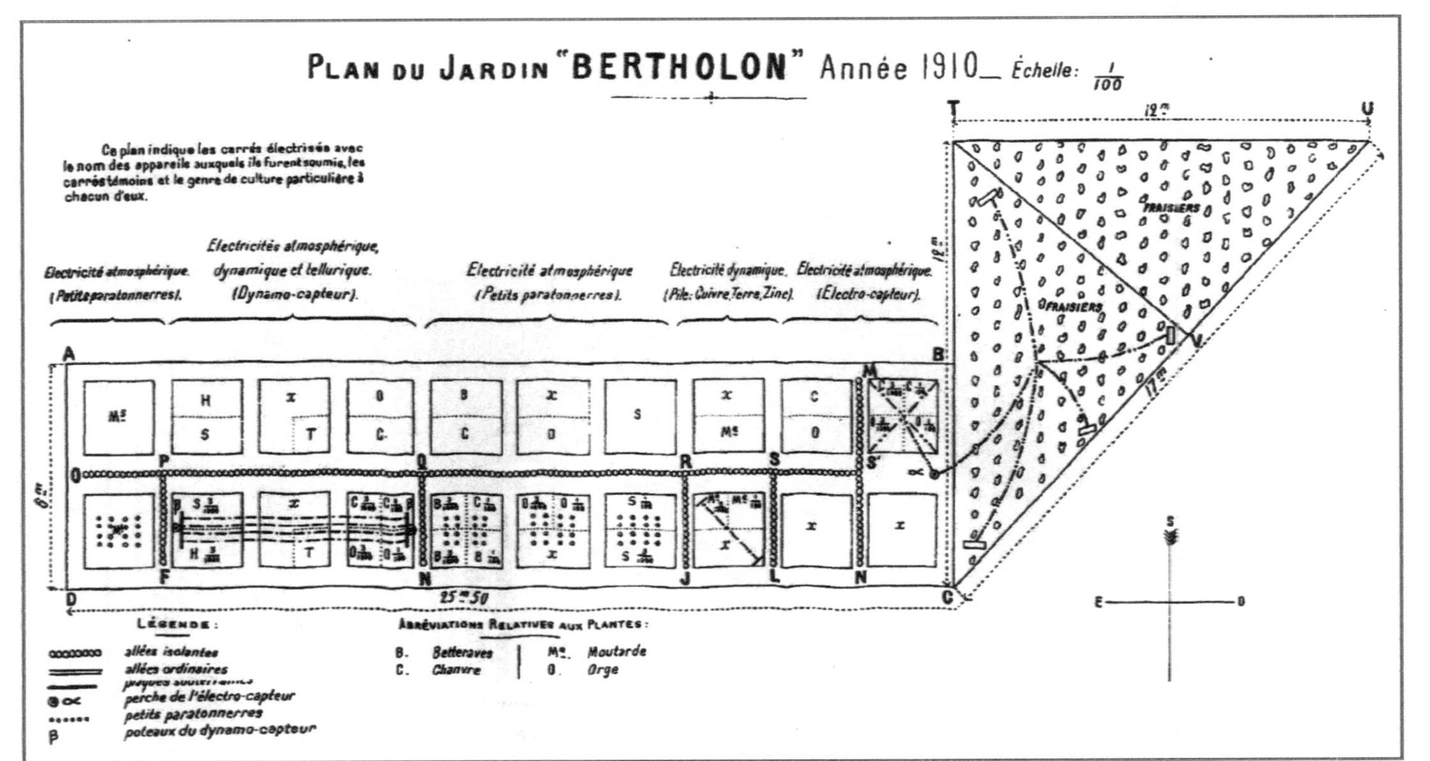

PLAN DU JARDIN "BERTHOLON" Année 1910 — Échelle: 1/100
Ce plan indique les carrés électrisés avec le nom des appareils auxquels ils furent soumis, les carrés témoins et le genre de culture particulière à chacun d'eux.
Électricité atmosphérique. (Petits paratonnerres).
Électricité atmosphérique, dynamique et tellurique. (Dynamo-capteur).
Électricité atmosphérique (Petits paratonnerres).
Électricité dynamique. (Pile: Cuivre, Terre, Zinc).
Électricité atmosphérique. (Électro-capteur).
FRAISIERS
FRAISIERS
FRAISIERS
12 m
17 m
18 m
6 m
25 m 50
LÉGENDE:
allées isolantes
allées ordinaires
plaques souterraines
perche de l'électro-capteur
petits paratonnerres
poteaux du dynamo-capteur
ABRÉVIATIONS RELATIVES AUX PLANTES:
B. Betteraves
C. Chanvre
Me. Moutarde
O. Orge
S
E
N
O

Chapitre II

Premiers résultats : germination,
développement des plantes

§ 1. Germination

Les semailles ayant eu lieu le 22 mai, les résultats suivants furent constatés :

a) Au 30 mai
- Électro-capteur (électricité atmosphérique)

Chanvre	Au 1/100e d'ampère : germinations	40
	Témoins : germinations	20
	Au 3/1000e d'ampère : germinations	12
	Témoins : germinations	20

Orge	Au 1/100e d'ampère : germinations	58
	Témoins : germinations	84
	Au 3/1000e d'ampère : germinations	76
	Témoins : germinations	44

- Plaques Spechnev (électricité dynamique)[23]

Moutarde	Electrisée : pas levée	0
	Témoins : germinations	30

- Petits paratonnerres (électricité atmosphérique)

Soissons	Electrisés : pas de germinations	
	Témoins : pas de germinations	

Orge	Au 1/100e d'ampère : germinations	55
	Témoins : germinations	35
	Au 3/1000e d'ampère : germinations	100
	Témoins : germinations	60

Betteraves	Au 1/100e d'ampère : germinations	0
	Témoins : germinations	0
	Au 3/1000e d'ampère : germinations	40
	Témoins : germinations	0

Chanvre	Au 1/100e d'ampère : germinations	40
	Témoins : germinations	15
	Au 3/1000e d'ampère : germinations	50
	Témoins : germinations	25

---

23. Résultats déjà constatés au cours des années précédentes. La moutarde fut arrachée le 3 juin 1910.

- Dynamo-capteur

Chanvre	Au 1/100e d'ampère : germinations	35
	Témoins : germination	1
	Au 3/1000e d'ampère : germinations	103
	Témoins : germination	1

Orge	Au 1/100e d'ampère : germinations	16
	Témoins : germinations	18
	Au 3/1000e d'ampère : germinations	122
	Témoins : germinations	13

| Soissons | Electrisés : pas de germinations |
| | Témoins : pas de germinations |

b) Au 4 juin

- Électro-capteur

Chanvre	Au 1/100e d'ampère : germinations	190
	Témoins : germination	180
	Au 3/1000e d'ampère : germinations	170
	Témoins : germination	160

Orge	Au 1/100e d'ampère : germinations	180
	Témoins : germinations	200
	Au 3/1000e d'ampère : germinations	170
	Témoins : germinations	150

- Petits paratonnerres

| Soissons | Au 1/100e d'ampère : germinations
Moyenne : 36 mm
Témoins : germinations
Moyenne : 15 mm | 14

9 |
| | Au 3/1000e d'ampère : germinations
Moyenne : 26 mm
Témoins : germinations
Moyenne : 22 mm | 13

11 |

Orge	Au 1/100e d'ampère : germinations	175
	Témoins : germinations	210
	Au 3/1000e d'ampère : germinations	280
	Témoins : germinations	250

Chanvre	Au 1/100e d'ampère : germinations	100
	Témoins : germinations	100
	Au 3/1000e d'ampère : germinations	400
	Témoins : germinations	80

Betteraves	Au 1/100e d'ampère : germinations	120
	Témoins : germinations	160
	Au 3/1000e d'ampère : germinations	320
	Témoins : germinations	200

- Dynamo-capteur

Orge	Au 1/100e d'ampère : germinations	230
	Témoins : germinations	160
	Au 3/1000e d'ampère : germinations	240
	Témoins : germinations	120

Chanvre	Au 1/100e d'ampère : germinations	300
	Témoins : germinations	50
	Au 3/1000e d'ampère : germinations	350
	Témoins : germinations	45

Soissons	Rang a : 4 germinations, hauteur moyenne	20 mm
	Témoin a : 3 germinations, hauteur moy.	20 mm
	Rang b : 8 germinations, hauteur moyenne	30 mm
	Témoin b : 8 germinations, hauteur moy.	30 mm
	Rang c : 10 germinations, hauteur moy.	35 mm
	Témoin c : 10 germinations, hauteur moy.	33 mm

§ 2. Développement des plantes

Nous indiquons ci-après les dimensions des plantes, tiges et feuilles aux dates indiquées :

a) Au 6 juin

- Électro-capteur

Chanvre	Au 1/100e d'ampère : tige	50 mm
	Témoins : tige	30 mm
	Au 3/1000e d'ampère : tige	25 mm
	Témoins : tige	25 mm

Orge	1/100e d'ampère : feuilles	100 mm
	Témoins : feuilles	100 mm
	3/1000e d'ampère : feuilles	90 mm
	Témoins : feuilles	90 mm

- Petits paratonnerres

Soissons	1/100e : tige et feuilles	45 mm
	Témoins : tige et feuilles	37 mm
	3/1000e : tige et feuilles	45 mm
	Témoins : tige et feuilles	43 mm

Orge	1/100e d'ampère : feuilles	50 mm
	Témoins : feuilles	60 mm
	3/1000e d'ampère : feuilles	90 mm
	Témoins : feuilles	80 mm

Betteraves	Témoins	Tige	12 mm
		Feuilles	18 mm
	1/100e	Tige	12 mm
		Feuilles	25 mm
	3/1000e	Tige	25 mm
		Feuilles	55 mm

Chanvre	Témoins	Tige	20 mm
		Feuilles	25 mm
	1/100e	Tige	40 mm
		Feuilles	45 mm
	3/1000e	Tige	50 mm
		Feuilles	60 mm

Maïs	Electrisé	330 mm
	Témoins	300 mm

Par « maïs électrisé », il faut entendre « maïs simplement soumis à l'influence des petits paratonnerres ».

- Dynamo-capteur

Orge	1/100e d'ampère : feuilles	80 mm
	Témoins : feuilles	70 mm
	3/1000e d'ampère : feuilles	68 mm
	Témoins : feuilles	60 mm

Chanvre	1/100e	Tige	40 mm
		Feuilles larg.	35 mm
	Témoins	Tige	25 mm
		Feuilles larg.	25 mm
	3/1000e	Tige	50 mm
		Feuilles larg.	50 mm
	Témoins	Tige	25 mm
		Feuilles larg.	20 mm

Soissons	1/100e	Rang a	Hauteur tige	32 mm
			Largeur feuilles	42 mm
		Rang b	Hauteur tige	60 mm
			Largeur feuilles	55 mm
		Rang c	Hauteur tige	60 mm
			Largeur feuilles	80 mm
	Témoins	Rang a	Hauteur tige	32 mm
			Largeur feuilles	41 mm
		Rang b	Hauteur tige	52 mm
			Largeur feuilles	80 mm
		Rang c	Hauteur tige	56 mm
			Largeur feuilles	80 mm
	3/1000e	Rang a	Hauteur tige	50 mm
			Largeur feuilles	70 mm
		Rang b	Hauteur tige	63 mm
			Largeur feuilles	71 mm
		Rang c	Hauteur tige	70 mm
			Largeur feuilles	90 mm
	Témoins	Rang a	Hauteur tige	30 mm
			Largeur feuilles	45 mm
		Rang b	Hauteur tige	60 mm
			Largeur feuilles	69 mm
		Rang c	Hauteur tige	61 mm
			Largeur feuilles	90 mm

b) Au 27 juin

- Électro-capteur

Chanvre	1/100e	Tige	150 mm
		Feuilles long.	130 mm
		Feuilles larg.	20 mm
	Témoins	Tige	140 mm
		Feuilles long.	120 mm
		Feuilles larg.	15 mm
	3/1000e	Tige	160 mm
		Feuilles long.	130 mm
		Feuilles larg.	15 mm
	Témoins	Tige	140 mm
		Feuilles long.	130 mm
		Feuilles larg.	17 mm

Orge	1/100e	Hauteur feuilles	370 mm
	3/1000e	Hauteur feuilles	390 mm
	Témoins	Hauteur feuilles	350 mm

- Plaques Spechnev[24]

| Moutarde | Hauteur | 235 mm |
| | Témoins | 215 mm |

---

24. La moutarde dont il est question provient de graines non électrisées avant les semailles ; elles furent semées le 8 juin.

- Petits paratonnerres

Orge			
	1/100e	Feuilles	260 mm
	3/1000e	Feuilles	340 mm
	Témoins	Feuilles	330 mm

Betteraves			
	1/100e	Tige et feuilles	110 mm
		Largeur	35 mm
	Témoins 1/100e	Tige et feuilles	70 mm
		Largeur	25 mm
	3/1000e	Tige et feuilles	80 mm
		Largeur	25 mm
	Témoins 3/1000e	Tige et feuilles	80 mm
		Largeur	25 mm

Chanvre			
	1/100e	Tige	140 mm
		Feuilles long.	90 mm
		Feuilles larg.	15 mm
	3/1000e	Tige	260 mm
		Feuilles long.	130 mm
		Feuilles larg.	20 mm
	Témoins	Tige	120 mm
		Feuilles long.	100 mm
		Feuilles larg.	17 mm

Maïs	Electrisé	780 mm
	Témoins	620 mm

- Dynamo-capteur

Orge	1/100e	Hauteur feuilles	400 mm
	Témoins	Hauteur feuilles	270 mm
	3/1000e	Hauteur feuilles	420 mm
	Témoins	Hauteur feuilles	270 mm

Chanvre	1/100e	Tige	230 mm
		Feuilles long.	160 mm
		Feuilles larg.	20 mm
	3/1000e	Tige	260 mm
		Feuilles long.	120 mm
		Feuilles larg.	20 mm
	Témoins	Tige	100 mm
		Feuilles long.	90 mm
		Feuilles larg.	14 mm

Soissons	Rang a	Hauteur tige	410 mm
		Longueur feuilles	300 mm
		Largeur feuilles	110 mm
	Témoins	Hauteur tige	360 mm
		Longueur feuilles	260 mm
		Largeur feuilles	100 mm
	Rang b	Hauteur tige	400 mm
		Longueur feuilles	280 mm
		Largeur feuilles	90 mm
	Témoins	Hauteur tige	230 mm
		Longueur feuilles	250 mm
		Largeur feuilles	80 mm
	Rang c	Hauteur tige	500 mm
		Longueur feuilles	300 mm
		Largeur feuilles	110 mm
	Témoins	Hauteur tige	380 mm
		Longueur feuilles	260 mm
		Largeur feuilles	80 mm

c) Au 25 juillet

- Électro-capteur

Chanvre	1/100e	Tige	570 mm
	Témoins	Tige	520 mm
	3/1000e	Tige	850 mm
	Témoins	Tige	540 mm

Orge	1/100e	Hauteur feuilles	750 mm
	Témoins	Hauteur feuilles	700 mm
	3/1000e	Hauteur feuilles	780 mm
	Témoins	Hauteur feuilles	720 mm

- Plaques Spechnev

Moutarde	Electrisée	400 mm
	Témoins	300 mm

- Petits paratonnerres

Soissons	Electrisés	1,85 m
	Témoins	1,45 m

Orge	1/100e	Feuilles	550 mm
	3/1000e	Feuilles	620 mm
	Témoins	Feuilles	550 mm

Betteraves	1/100e	Hauteur	240 mm
	3/1000e	Hauteur	280 mm
	Témoins	Hauteur	220 mm

Chanvre	1/100e	Tige	590 mm
	3/1000e	Tige	800 mm
	Témoins	Tige	410 mm

Maïs	Electrisé	1,80 m
	Témoin	1,10 m

- Dynamo-capteur

Orge	1/100e	Feuilles	720 mm
	3/1000e	Feuilles	730 mm
	Témoins	Feuilles	530 mm

Chanvre	1/100e	Tige	900 mm
	3/1000e	Tige	930 mm
	Témoins	Tige	420 mm

d) Au 29 août

- Électro-capteur

Chanvre	1/100e	Tige	1,18 m
	3/1000e	Tige	1,75 m
	Témoins	Tige	0,95 m

Orge	1/100e	Feuilles	950 mm
	Témoins	Feuilles	850 mm
	3/1000e	Feuilles	900 mm
	Témoins	Feuilles	800 mm

- Plaques Spechnev

Moutarde	Electrisée	800 mm
	Témoins	600 mm

Soissons	Rang a	Hauteur	2,65 m
	Témoins	Hauteur	2,10 m
	Rang b	Hauteur	2,78 m
	Témoins	Hauteur	2,20 m
	Rang c	Hauteur	2,85 m
	Témoins	Hauteur	2,35 m

- Petits paratonnerres

Orge	1/100e	Feuilles	850 mm
	3/1000e	Feuilles	850 mm
	Témoins	Feuilles	830 mm

Betteraves	1/100e	Hauteur	320 mm
	Témoins	Hauteur	300 mm
	3/1000e	Hauteur	350 mm
	Témoins	Hauteur	320 mm

Chanvre	1/100e	Tige	1,00 m
	3/1000e	Tige	0,95 m
	Témoins	Tige	0,85 m

Maïs	Electrisé	1,90 m
	Témoin	1,50 m

- Dynamo-capteur

Orge (sèche)	1/100e	Feuilles	850 mm
	3/1000e	Feuilles	750 mm
	Témoins	Feuilles	750 mm

Chanvre	1/100e	Tige	1,35 m
	3/1000e	Tige	1,20 m
	Témoins	Tige	1,02 m

Soissons	Rang a	Hauteur	3,15 m
	Témoins	Hauteur	3,05 m
	Rang b	Hauteur	3,45 m
	Témoins	Hauteur	3,25 m
	Rang c	Hauteur	4,05 m
	Témoins	Hauteur	3,85 m

À partir des tableaux qui précèdent, nous avons ajouté au livre de Fernand Basty plusieurs diagrammes, afin de faciliter les comparaisons dans la croissance des plantes entre les différents systèmes en fonction des dates des relevés.

Signalons toutefois que la moutare, le maïs et les betteraves n'ont été testés que sur un seul appareil (tous les chiffres de l'échelle des tableaux dans les pages suivantes sont exprimés en mm).

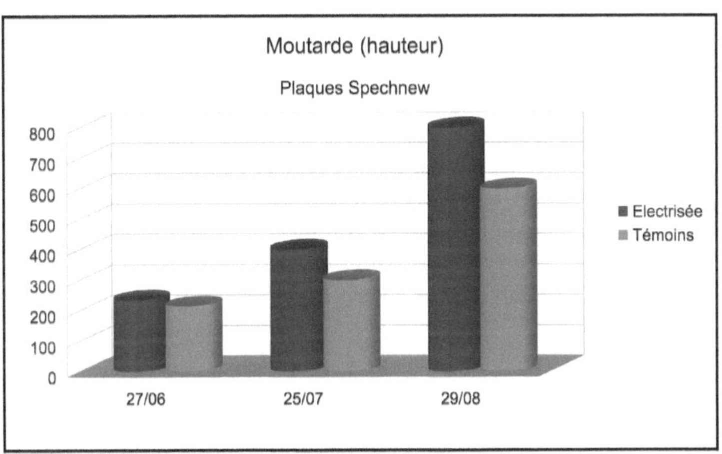

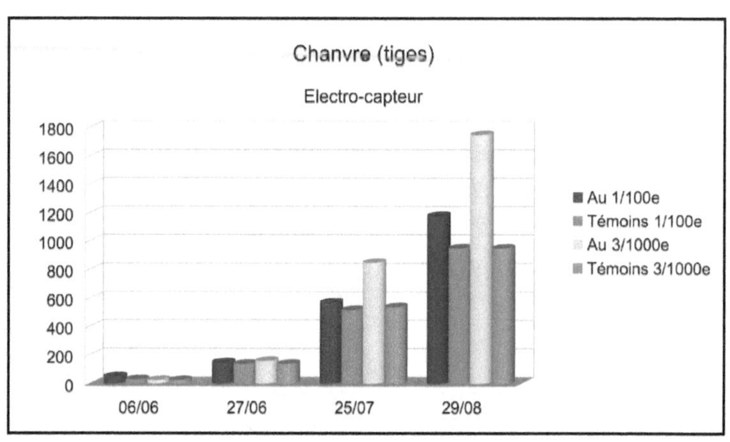

Chanvre (tiges)
Electro-capteur
1800
1600
1400
1200
1000
800
600
400
200
0
06/06
27/06
25/07
29/08
Au 1/100e
Témoins 1/100e
Au 3/1000e
Témoins 3/1000e

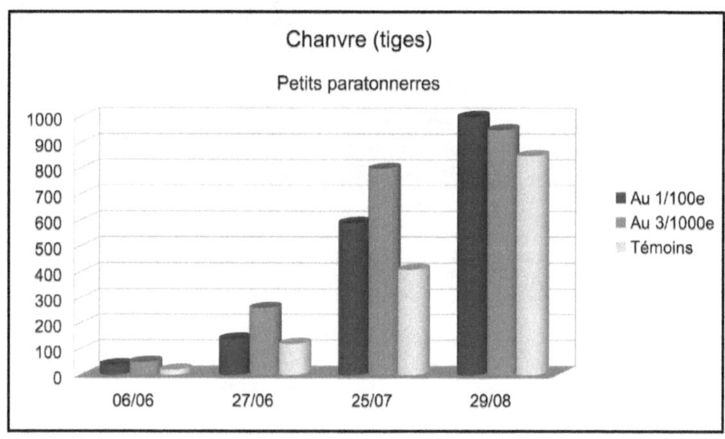

Chanvre (tiges)
Petits paratonnerres
1000
900
800
700
600
500
400
300
200
100
0
06/06
27/06
25/07
29/08
Au 1/100e
Au 3/1000e
Témoins

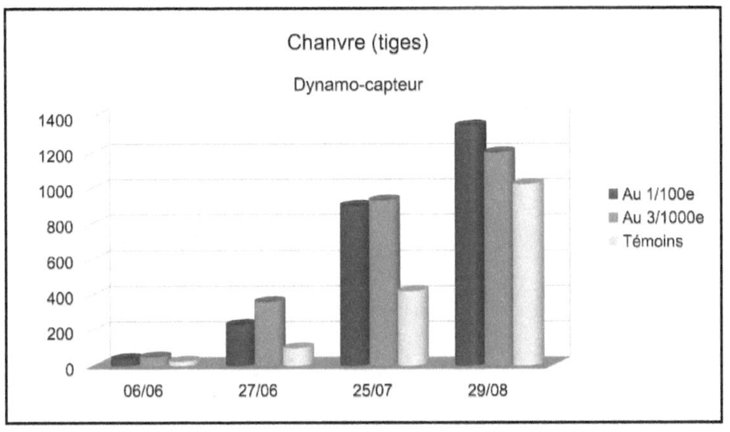

En synthèse, voici la comparaison sur le chanvre pour les trois systèmes au dernier jour des tests :

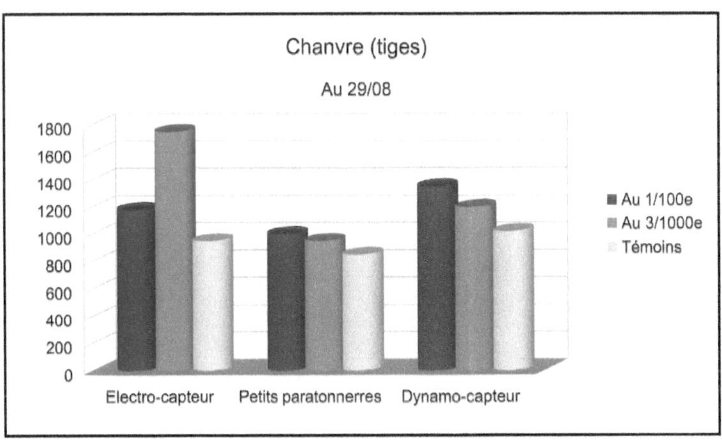

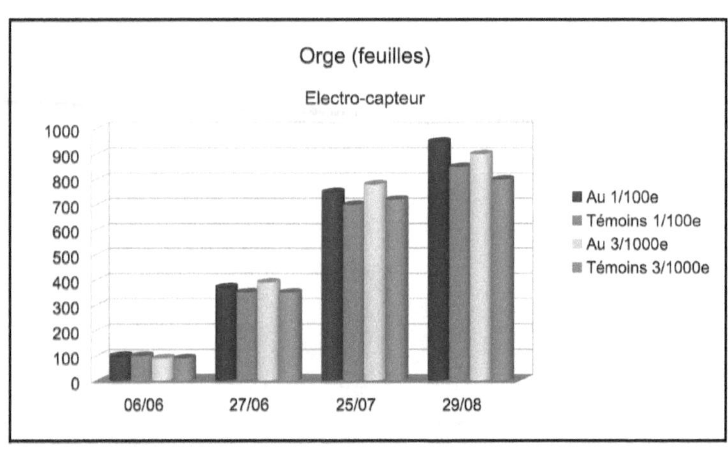

Orge (feuilles)
Electro-capteur
1000
900
800
700
600
500
400
300
200
100
0
06/06
27/06
25/07
29/08
Au 1/100e
Témoins 1/100e
Au 3/1000e
Témoins 3/1000e

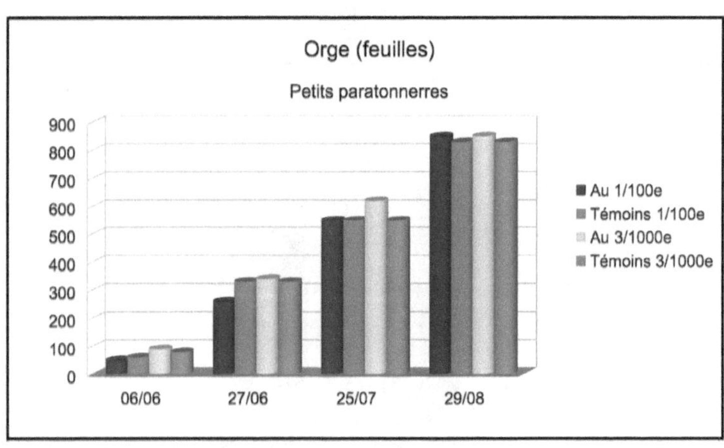

Orge (feuilles)
Petits paratonnerres
900
800
700
600
500
400
300
200
100
0
06/06
27/06
25/07
29/08
Au 1/100e
Témoins 1/100e
Au 3/1000e
Témoins 3/1000e

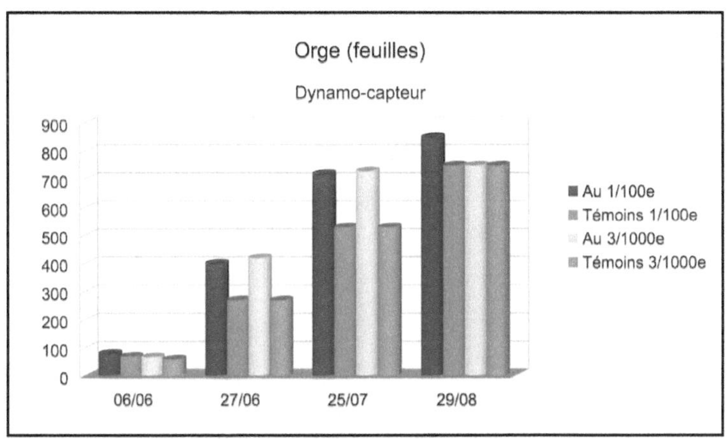

En synthèse, voici la comparaison sur l'orge pour les trois systèmes au dernier jour des tests :

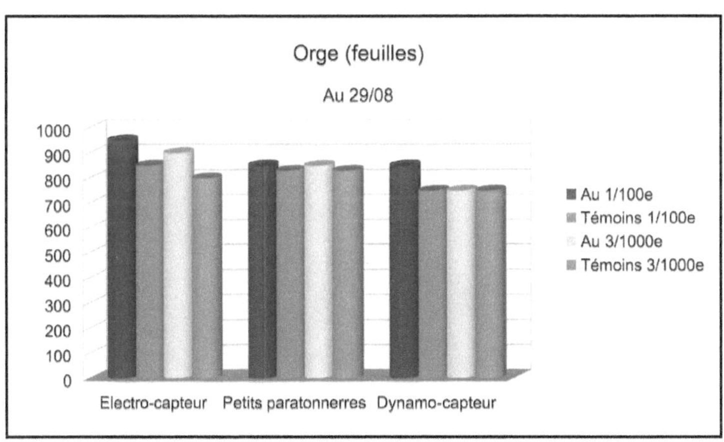

Et voici les graphiques pour le maïs et les betteraves,
qui n'ont été testés qu'avec les petits paratonnerres :

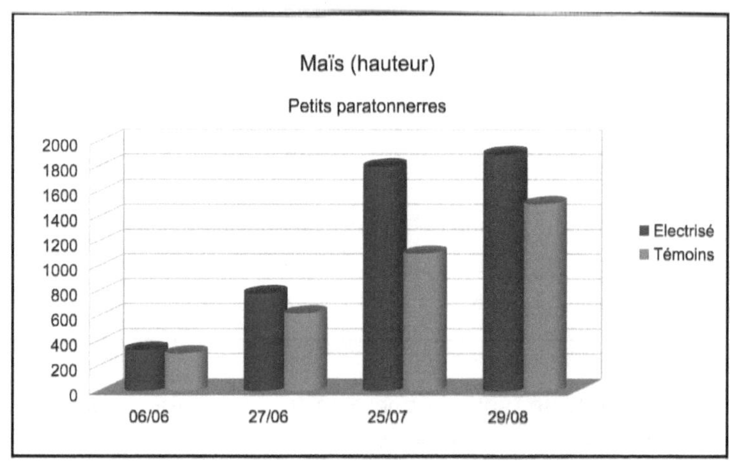

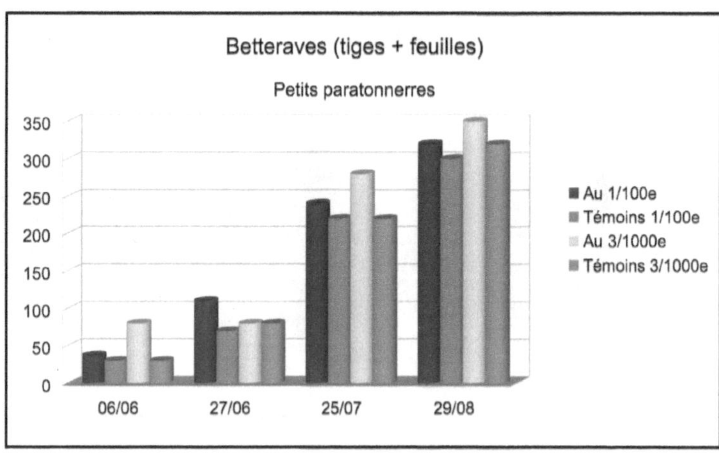

CHAPITRE III

Tableau indiquant les récoltes des plantes électrisées (en vert et en sec) comparées aux témoins

Appareils auxquels furent soumises les plantes	Plantes	Traitement électrique ou témoins	Superficie ensemencée	Récolte en vert: graines, tiges et feuilles	Récolte (tiges chaume, cosses) en sec	Récolte (graines caryopses) tubercules, etc.	Récolte totale en vert comparée aux témoins	Observations
			mètres carrés :	kil.	kil.	kil.	kil.	(1) Par *betteraves électrisées*, il faut entendre celles qui, provenant des carrés soumis au courant de 3/1000e d'ampère, furent repiquées, au 26 juin, dans des carrés soumis aux influences des appareils.
DYNAMO-CAPTEUR F. B. (Électricités atmosphérique, dynamique et tellurique).	Betteraves	Électrisées (1)	2	5,400	»	4,050	5,400	
		Témoins	2	3,600	»	2,700	3,600	
	Chanvre	1/100e	2	0,305	0,240	0,046	0,675	
		Témoins	2	0,197	0,122	0,008		
		3/1000e	2	0,370	0,290	0,090	0,395	
		Témoins	2	0,198	0,123	0,008		
	Orge	1/100e	2	0,635	0,355	0,190	1,335	
		Témoins	2	0,390	0,302	0,147		
		3/1000e	2	0,700	0,380	0,197	1,180	
		Témoins	2	0,590	0,305	0,148		
	Soissons	Électrisés	2	2,400	0,285	0,765	2,400	
		Témoins	2	1,800	0,150	0,470	1,800	
PETITS PARATONNERRES F. B. (Électricité atmosphérique).	Betteraves	Électrisées (1)	2	4,300	»	3,400	4,300	(2) La *moutarde* dont les résultats figurent au présent tableau ne fut point électrisée avant les semailles. Par moutarde *électrisée* il faut entendre celle qui fut, simplement, soumise à l'influence dynamique des plaques Spechnew, modifiées F. B.
		Témoins	2	3,100	»	2,500	3,100	
	Chanvre	1/100e	2	0,160	0,120	0,020	0,415	
		Témoins	2	0,095	0,060	0,008		
		3/1000e	2	0,255	0,180	0,020	0,190	
		Témoins	2	0,093	0,060	0,007		
	Orge	1/100e	2	0,320	0,190	0,085	0,685	
		Témoins	2	0,277	0,175	0,045		
		3/1000e	2	0,315	0,200	0,060	0,555	
		Témoins	2	0,278	0,173	0,045		
	Soissons	Électrisés	2	1,610	0,150	0,450	1,610	
		Témoins	2	1,020	0,090	0,270	1,020	
ÉLECTRO-CAPTEUR F. B. (Électricité atmosphérique).	Chanvre	1/100e	2	0,170	0,110	0,030	0,450	
		Témoins	2	0,132	0,085	0,010		
		3/1000e	2	0,280	0,200	0,030	0,265	
		Témoins	2	0,133	0,085	0,010		
	Orge	1/100e	2	0,565	0,307	0,170	1,000	
		Témoins	2	0,405	0,213	0,095		
		3/1000e	2	0,435	0,260	0,137	0,805	
		Témoins	2	0,402	0,213	0,095		
PLAQUES SPECHNEW MODIFIÉES F. B. (Électricité dynamique).	Moutarde	Électrisée (2)	2	0,400	0,150	0,070	0,400	
		Témoins	2	0,340	0,100	0,050	0,340	

Chapitre IV

*Incidence des courants de 1/100
et de 3/1000 d'ampère sur
la germination[25], le développement et
la récolte des plantes expérimentées*

§ 1. Germinations

a) Betteraves – Tandis qu'au 30 mai, aucune germination n'était constatée dans les carrés témoins et dans ceux soumis au 1/100, les carrés soumis au 3/1000 donnèrent 40 germinations.

Cette constatation est fort intéressante, puisque ce courant accélère, dans des proportions notables, environ huit jours, la germination de cette plante qui demande généralement 15 jours pour lever.

Ces proportions se retrouvent également au 4 juin. En effet, nous relevons, à cette date, 320 germinations contre 180 seulement chez le témoin.

---

25. Par « germination », nous entendons les premiers éléments de la tigelle sortis de terre. Il est bien entendu que les premières radicelles sont déjà formées à l'époque où nous relevons les premiers résultats. On comprendra facilement qu'il nous était impossible d'arracher, chaque jour, nos plantes pour suivre leur gestation dans le sol.

Par contre, et en toute justice, nous devons reconnaître que le courant au 1/100 n'a pas été bienfaisant, puisque le nombre des germinations est inférieur de 60 aux témoins : 120 contre 180.

Cette constatation est également très intéressante à retenir, car elle nous indique, dès maintenant, la limite supérieure d'intensité de courant qu'il ne faut pas dépasser pour cette plante.

b) Chanvre – L'ensemble des germinations obtenues au 4 juin est de 790 pour le chanvre soumis au 1/100, 920 pour celui soumis au 3/1000, tandis que les témoins ne donnent, à la même date, que 308 germinations.

L'électrisation de la graine a produit de bons résultats avec le 1/100, et d'excellents avec le 3/1000.

Ces résultats sont donc aujourd'hui acquis.

c) Moutarde – Pour la quatrième fois (années 1903, 1908, 1909, 1910), nous constatons que la germination de la moutarde est retardée ou anéantie par des courants variant du 1/100 au 1/1000 d'ampère. C'est donc au-dessous du 1/1000 qu'il faudra chercher le courant optimum pour cette plante.

d) Orge – L'influence bienfaisante du courant de 1/100 s'est moins fait sentir sur l'orge, puisque le total des germinations s'élève à 585 dans les carrés soumis à ce courant, et à 545 dans les témoins.

Par contre, les germinations dans les carrés influencés par un courant de 3/1000 sont de 600 contre 545.

Il y aura lieu, à l'avenir, d'employer des courants plus faibles.

e) Soissons – La différence de germinations entre les courants employés :
- 14 germinations, courant 1/100,
- 13 germinations, courant 3/1000,

est tellement peu sensible qu'elle ne nous permet pas d'affirmer, avec suffisamment d'exactitude, l'excellence d'un courant sur l'autre.

Dans tous les cas, les courants employés n'ont pas nui à la germination, au contraire, puisque les témoins n'accusent respectivement au 4 juin, que 9 et 11 germinations.

§ 2. Développement des plantes

Parmi les différents développements des plantes qui figurent au Chapitre II, nous avons choisi ceux du 25 juillet pour les étudier spécialement. À cette époque, les plantes étaient dans leur période de vie intense et n'avaient pas encore subi de ralentissement dans leur développement cellulaire, dû à la maturité des fruits.

a) Betteraves – L'action retardatrice du courant de 1/100 d'ampère, signalée au moment de la germination, a dû être contrebalancée et annihilée par l'influence bienfaisante du Petit paratonnerre qui a pu lui permettre de dépasser les témoins de 20 mm.

Quant aux betteraves soumises au courant initial de 3/1000, elles accusent un développement de feuilles supérieur de 60 mm aux témoins : 280 mm contre 220 mm.

L'excellence du courant initial et l'heureuse influence de l'appareil sont donc, ici, la résultante de cette constatation appréciable et très satisfaisante.

b) Chanvre – Les moyennes des hauteurs de tiges (abstraction faite de l'influence des appareils) sont les suivantes :
- courant au 1/100 : 687 mm ;
- courant au 3/1000 : 860 mm ;
- témoin : 470 mm.

Nous devons donc admettre que si, d'une part, les courants ont accéléré la germination, d'autre part, les appareils employés ont tous eu une action bienfaisante, puisque les chanvres électrisés ont, tous, un développement supérieur aux témoins, développement qui varie du 1/11 au double : 1/11 électro-capteur ; double : petit paratonnerre et dynamo-capteur.

c) Maïs – Le maïs, dont il est question, n'a pas été électrisé avant les semailles ; bien plus, la partie qui devait recevoir les petits paratonnerres et être soumise à leur influence, fut tirée au sort.

Quinze jours après la pose des petits paratonnerres, un développement, visible à l'œil, fut constaté.

Cette poussée végétative est telle qu'elle dépasse, au 25 juillet, les tiges témoins de 700 mm pour se maintenir à 400 mm au 29 août.

d) Moutarde – Elle fut également expérimentée dans les mêmes conditions que le maïs. Elle a été simplement semée dans un terrain soumis à l'action dynamique des plaques zinc et cuivre.

L'accroissement constaté de 100 mm est donc bien dû à l'action seule de l'appareil. Au reste, cette constatation, déjà faite, ne fait que corroborer, une fois de plus, nos résultats des années précédentes.

e) Orge – En ce qui concerne cette graminée, les moyennes de développement des chaumes sont respectivement :
- 730 mm pour le courant au 1/100 d'ampère ;
- 770 mm pour le courant au 3/1000 d'ampère ;
- 680 mm pour les témoins.

L'orge au 1/100 ayant été soumise exactement aux mêmes appareils que celle provenant du 3/1000, nous sommes obligés de reporter à la différence d'intensité du courant électriseur initial la différence de résultats, car il n'est pas admissible que dans un terrain de quatre mètres carrés il y ait deux mètres carrés produisant des chaumes de 550 mm et deux autres mètres carrés en produisant de 620 mm (voir Chapitre II, petit paratonnerre au 25 juillet).

f) Soissons – Les soissons furent, au cours de l'année, l'objet de plusieurs expériences d'électrisation.

Les résultats furent souvent contradictoires ; aussi, ne voulant rien infirmer, ni affirmer, nous nous contenterons, pour cette année, de signaler l'influence nettement retardatrice du courant au 1/100 d'ampère sur ces légumineuses ; nous pourrions même ajouter néfaste, car tous, ou presque tous, pourrirent en terre.

§ 3. Récoltes[26]

a) Betteraves – Ayant eu soin de repiquer, au 26 juin, dans les carrés témoins et dans les carrés soumis à l'influence des appareils, des betteraves de même grosseur de racine et de même développement de feuilles, provenant du carré électrisé au 3/1000, nous attribuerons aux appareils seuls les surproductions de récoltes suivantes :
- 1,5 kg pour celles provenant du dynamo-capteur ;
- 1,1 kg pour celles provenant des petits paratonnerres.

b) Chanvre – L'influence heureuse du courant au 3/1000 ressort encore plus clairement au tableau du Chapitre III (récoltes) qu'au Chapitre II (développement).

En effet, le chanvre soumis au courant de 3/1000 et placé dans la zone du dynamo-capteur donne :

1) 65 grammes de récolte en plus que celui soumis au 1/100 et influencé par le même appareil ;

2) 108 grammes de plus que le témoin.

---

26. Nous entendons par récolte, la récolte globale : tiges, feuilles, fruits ou tubercules.

Quant à la récolte de celui de même intensité, influencé par les petits paratonnerre, elle accuse 95 grammes de plus que le chanvre soumis au 1/100, et 160 grammes de plus que les témoins, soit une récolte presque double.

Enfin, la récolte du chanvre (3/1000) placé dans la zone d'action de l'électro-capteur, accuse une surproduction :

1) de 110 grammes sur le chanvre au 1/100 ;

2) de 147 grammes sur les témoins.

c) Orge – Les résultats comparés de cette plante ont permis de constater que les orges électrisées et soumises aux appareils ont toutes donné des récoltes supérieures aux témoins.

Mais, où nous rencontrons de l'imprévu, c'est dans les récoltes des orges soumises au courant de 1/100 d'ampère.

Contrairement à nos prévisions, prévisions basées d'ailleurs sur les résultats obtenus de mai à fin juillet, ces plantes ont eu, en août, des poussées végétatives telles qu'elles ont dépassé de beaucoup leurs voisines électrisées au 3/1000 et, cependant, soumises au même appareil (électro-capteur : 29 août).

Ce fait, qui n'est pas isolé, nous montrera mieux que tous les discours combien il est difficile d'établir ou de formuler des lois fixes, et de donner des indications offrant une certaine garantie, dans le vaste domaine des applications de l'électricité à la culture des plantes.

Malheureusement, il faut le reconnaitre, ce sont ces constatations, dont les causes nous échappent, qui sont cause de la lenteur de nos travaux.

Nous parlions, un jour, des caprices du sphinx électricité, ceux que nous constatons aujourd'hui sont une preuve à l'appui de nos dires et méritent d'être signalés.

La seule explication susceptible d'être admise est la suivante : trop vivement stimulée à ses débuts par le courant de 1/100 d'ampère, l'orge a eu, par la suite, une période de repos, d'engourdissement, pendant laquelle elle a dû emmagasiner dans ses tissus des réserves de sève et de principes vitaux.

Sous l'action d'un orage violent, ou d'une perturbation atmosphérique qui nous a échappé, l'électro-capteur aura pu puiser, à travers les couches supérieures, l'azote libre en quantité suffisante pour, sous l'action de l'effluve du moment, déterminer des modifications chimiques avantageuses dans la composition de l'air et du sol permettant, dès lors, à la plante d'utiliser ses réserves nutritives et vitales.

Ce développement rapide, quasi spontané, peut être comparé à celui d'un adolescent qui, après être resté longtemps stationnaire, grandit tout à coup.

Et, fait qui vient encore à l'appui de notre assertion, si on considère l'orge au 1/100 soumise à l'influence d'un capteur d'électricité atmosphérique moins puissant, moins sensible aux fluctuations atmosphériques, tel que le petit paratonnerre, on remarque que l'augmentation de récolte n'est plus que de 5 grammes.

Enfin, soumise au dynamo-capteur, appareil dont les courants atmosphérique et tellurique se balancent généralement, l'orge électrisée au 1/100 produit une récolte inférieure de 65 grammes à celle provenant du courant de 3/1000.

d) Moutarde – La surproduction de 60 grammes, constatée dans la récolte de la moutarde électrisée, confirme ce que nous avions relaté précédemment, mais ne nous apporte aucun fait nouveau et intéressant.

e) Soissons – Les récoltes des soissons électrisés, et les observations auxquelles elles ont donné lieu sont relatées, en détail, au Chapitre VI.

Chapitre V

Détermination du courant optimum à employer pour électriser les graines soumises aux expériences

Les constatations faites au Chapitre IV nous amènent, malgré le désir que nous aurions de resserrer encore nos expériences entre des courants d'intensités plus faibles ou plus fortes que celles employées, à nous arrêter, cette année, sur ces deux courants : 1/100 et 3/1000 d'ampère.

La recherche du courant optimum à employer pour chaque plante usuelle sera le but vers lequel nous dirigerons tous nos efforts, si nos rares loisirs et si, surtout, l'avenir nous le permettent.

Malgré les bons résultats obtenus en 1908 et 1909, avec certains courants variant en intensité du 1/10 au 1/100, nous rejetterons désormais, pour les plantes étudiées au cours de cette année (orge, chanvre, betteraves, soissons, moutarde), le courant au 1/100 et conseillerons ardemment les courants voisins du 3/1000 d'ampère.

Les conditions scrupuleuses[27] dans lesquelles furent électrisées ces graines ne peuvent être mises en doute.

-----

27. M. Abry, ingénieur-électricien, chef du laboratoire de l'usine électrique d'Angers, ayant bien voulu, cette année encore, se charger de surveiller les électrisations, nous tenons à lui exprimer, ici, nos biens sincères remerciements.

Nous ferons une exception – fondée, celle-là, sur des faits probants et des essais maintes fois répétés – en ce qui concerne les fruits à noyaux et les dattes qui peuvent être soumis à des courants d'un 1/10 d'ampère pendant une durée variant de 1 à 5 jours, et qui germent avec une avance allant de 15 à 30 jours sur les témoins.

*

*   *

En résumé, nous conseillons :

1) Pour les graines ordinaires : betteraves, chanvre et orge, des courants voisins du 3/1000 d'ampère, d'une durée de deux heures ;

2) Pour la moutarde, des courants inférieurs au 3/1000 d'ampère d'une durée d'une heure ;

3) Pour les noyaux et dattes, des courants voisins du 1/100 d'ampère, d'une durée variant de 1 à 5 jours.

Chapitre VI

De l'influence de la position, en terre,
du hile de certaines graines (légumineuses)
sur le développement des racines
et sur la production des fruits

(Ce chapitre fait suite à la 2ᵉ partie de nos travaux de 1909, relatés au Bulletin de la Société d'Études scientifiques d'Angers, xxxixᵉ année, 1909[28])

Cette année, nous avons voulu compléter et achever nos expériences de 1909 sur cette intéressante question et porter notre attention spécialement sur le développement de la racine et surtout sur la production des fruits.

Ces expériences nous permirent de remarquer, une fois de plus, et en même temps, l'influence de la position du hile sur le développement des tiges et des feuilles.

---

28. À partir de la page 21 de la présente édition.

Première expérience

*Influence de la position, en terre,
du hile sur les racines*

Dans un rectangle de quatre mètres de long sur un mètre de large, 60 soissons furent plantés le 22 mai, à savoir :

Rang A : 20 soissons furent plantés horizontalement, le hile en dessus.

Rang B : 20 soissons furent plantés verticalement.

Rang C : 20 soissons furent plantés horizontalement le hile en dessous.

Au 9 juin, nos germinations étant jugées suffisantes, les soissons des rangs impairs furent arrachés soigneusement. Le nombre de radicelles des germinations impaires : 1, 3, 5, etc., et leur longueur moyenne ressortent aux colonnes 3 et 4 du tableau n° 2 ci-contre.

L'expérience ne devant porter que sur les racines, nous relatons, simplement pour mémoire, aux colonnes 5, 6 et 7, le développement moyen des tiges et des feuilles de chaque rang.

RANGS	Numéro des Boisseons	Nombre de radicelles	Longueur moyenne des radicelles	Moyenne de la hauteur des tiges	Moyenne de la largeur des feuilles	Moyenne de la longueur des feuilles
1	2	3	4	5	6	7
			%	%	%	%
RANG A. (hile en dessus	1	17	6			
	3	10	8			
	5	9	7			
	7	13	11	tige aerienne 3.12		
	9	15	7	t. souterraine 4.2		
	11	10	8			
	13	12	9	7, 32	7, 66	4, 30
	15	14	10			
	17	22	12			
	19	16	14			
Moyennes	$\frac{138}{10} = 13{,}8$		$\frac{92}{10} = 9{,}2$	7, 32	7. 66	4, 30
RANG B. (hile vertical)	1	10	7			
	3	12	9			
	5	10	8			
	7	25	10			
	9	13	9	7, 94	8, 92	5, 85
	11	12	8			
	13	14	11			
	15	10	11			
	17	21	15			
	19	18	16			
Moyennes	$\frac{145}{10} = 14{,}5$		$\frac{104}{10} = 10{,}4$	7. 94	8. 92	5. 85
RANG C. (hile en dessous)	1	23	7			
	3	8	7			
	5	14	10			
	7	11	10			
	9	20	11			
	11	20	14	8, 3	8, 5	6, 2
	13	15	11			
	15	16	16			
	17	17	17			
	19	13	12			
Moyennes	$\frac{157}{10} = 15{,}7$		$\frac{115}{10} = 11{,}5$	8, 3	8, 5	6, 2

D'où il ressort les différences suivantes en faveur du rang C, sur le rang B :

- 11 millimètres quant à la longueur moyenne des racines ;

- 1 radicelle en plus quant à leur nombre.

Par rapport au rang A, cette augmentation se traduit par :

- 23 millimètres en plus quant à la longueur des racines ;

- 2 radicelles en plus quant à leur nombre.

Deuxième expérience

*Influence de la position, en terre,
du hile sur la récolte*

Les trente soissons conservés (10 par rang) donnent, au 25 octobre, comme récolte en fruits, les poids indiqués au tableau n° 3 (soissons non électrisés) :

Légumineuses soumises aux expériences	Dessus rang A	Vertical rang B	Dessous rang C	Récolte totale
Soissons électrisés :	gr.	gr.	gr.	gr.
Cosses	140	145	130	0,435
Graines	390	410	415	1,215
Soissons non électrisés :				
Cosses	60	70	90	0,22
Graines	170	170	320	0,74

Ici, nous notons des différences bien plus sensibles que dans la première expérience et des résultats surtout plus avantageux puisque la surproduction du rang C sur le rang A se traduit par un excédent de récolte de 33 % et de 28 % quant au rang B.

Nous mentionnons, simplement à titre d'indication, la constatation suivante qui fut faite en même temps : trente soissons de même qualité, semés dans un terrain identique, mais soumis pendant les mois de juin, juillet, août, septembre, à l'action de notre dynamo-capteur donnent comme récolte, en grains, à la même date (25 octobre) : 1 215 grammes, alors que celle de nos trois rangs A, B, C lui est inférieure de 64 %, soit 740 grammes exactement (cf. tableau n°3).

Troisième expérience

Le 22 mai, 30 haricots rouges (Rognons de coq) furent plantés de la même manière que les soissons, dans un rectangle de deux mètres sur un mètre.

Arrachés le 20 septembre, puis séchés, ils donnent comme récolte les poids suivants au 25 octobre :

Tableau n° 4 – Haricots rouges

Légumineuses soumises aux expériences	Dessus rang A	Vertical rang B	Dessous rang C	Récolte totale
Haricots rouges :	gr.	gr.	gr.	gr.
Cosses	90	100	100	0,29
Graines	70	100	105	0,275

Nous retrouvons encore en faveur du rang C la même influence bienfaisante, puisqu'elle se traduit, comparée au rang A, par une augmentation de 11 % quant au poids total du végétal desséché, et de 33 % quant au poids des fruits.

Par contre, la récolte du rang C, comparée à celle du rang B, ne donne aucune augmentation appréciable.

Ces résultats, consciencieusement relevés, tentent à montrer suffisamment, jusqu'à preuve du contraire, que non seulement la tige et les feuilles des légumineuses bénéficient de la position, *en dessous*, du hile en terre – ainsi que nous l'avions déjà constaté l'année dernière – mais, qu'encore les racines, indépendamment de leur nombre et de leur longueur, lui doivent leur *multiplication* et leur plus grand *développement*.

Quant à son influence sur les *récoltes*, elle est telle, qu'elle dispense de tout commentaire.

En présence des résultats obtenus nous avons cru devoir signaler nos expériences aux chercheurs, aux botanistes et, surtout, aux horticulteurs et agriculteurs, les premiers intéressés.

Le jour où l'on aura pu rendre pratique et applicable à la grande culture des soissons, haricots, melons, pêchers, abricotiers, etc., notre originale méthode d'ensemencement, il sera permis de se demander si son emploi n'apportera pas, dans le domaine de l'agriculture, d'appréciables avantages.

DEUXIÈME PARTIE

Chapitre I

Nous sommes heureux de pouvoir joindre au compte-rendu de nos essais et expériences de 1910 le rapport suivant que M. Billaud, percepteur honoraire, aux Herbiers (Vendée) a bien voulu nous adresser.

Rapport de M. Billaud

Nos essais d'électroculture, bien limités et bien modestes, ont eu lieu dans une vigne que nous possédons aux Herbiers, et qui est l'objet de tous nos soins.

Nous avions, dans notre clos, comme nous l'écrivions en avril 1909 à M. Basty, un canton de 40 à 50 mètres carrés environ dans lequel nos sujets (plants d'Otello non greffés) dépérissaient d'année en année. Parmi eux, plusieurs ceps, âgés de 20 ans, ne conservaient plus qu'un semblant de vie se traduisant très faiblement, hélas ! par trois ou quatre pousses rudimentaires, portant un feuillage avorté, étiolé, rabougri. Ceux-là allaient mourir. Quant aux autres, ils offraient à l'œil un peu plus de vigueur, il est vrai, mais, eux aussi, étaient condamnés à une fin prochaine, en raison du manque de fruits.

Cet état de choses tenait à deux causes : en premier lieu, le phylloxéra ravageait le canton depuis plusieurs années ; en second lieu, un sol trop maigre et qui, malgré de substantielles fumures, n'offrait pas aux ceps les éléments nécessaires pour donner à leurs racines, à leurs radicelles, !a force de résister, dans leur renouvellement, aux ennemis qui les rongeaient. Notre vignoble se présentait dans ces conditions défavorables, quand nous décidâmes de consulter M. le lieutenant Basty, dont les expériences sensationnelles étaient parvenues jusqu'à nous par la voie de la presse.

Sur ses conseils, nous avons abandonné la construction et l'installation d'un genre de géomagnétifère de notre conception qui, nous le reconnaissons volontiers, était trop coûteux, très compliqué et peu pratique.

Dans l'endroit le plus malade de notre clos, nous fîmes donc poser, dès le mois de mai 1909, un électro-capteur, celui-là même dont M. Basty donne la description dans son ouvrage *De la Fertilisation électrique des plantes*.

Pour l'installation de notre appareil, nous nous sommes servi d'une perche de 7 mètres environ, surmontée d'une tige de fer de 2,50 m, terminée elle-même par un balai métallique extensible de 0,25 m. Ce balai métallique nous fut fourni par la maison Radiguet successeur, de Paris.

Il communiquait avec le réseau souterrain, dont le rayon était de 14 mètres environ et formait des carrés de 1 mètre de côté, au moyen d'un fil aérien de cuivre, bien isolé de notre perche grâce à des isolateurs de porcelaine.

La partie du fil conducteur, destinée à être enfouie dans le sol, avait été recouverte, dès son départ du commutateur, d'une matière isolante et imputrescible. Les soudures aériennes et les soudures souterraines avaient été faites d'une façon irréprochable.

La petite dimension du balai capteur nous a permis de laisser notre courant ouvert d'une façon continue. Nous ne l'avons interrompu qu'une ou deux fois, pendant les périodes de trop grande ou trop tenace sécheresse.

Nous avons, en outre, suivi scrupuleusement, en tous points, les instructions qu'a bien voulu nous donner spécialement par écrit, M. le lieutenant Basty.

Aussi notre satisfaction fut grande quand, au courant de l'année 1909 (juin-juillet), il nous a été permis de constater, chez les sujets influencés, une vigoureuse reprise de vitalité.

Plein d'espoir dans la réussite complète, nous avons profité de l'hiver 1909-1910 pour établir, à proximité du premier électro-capteur, mais en dehors de son champ d'action, un deuxième appareil d'une hauteur totale de 15 mètres environ.

Les effets produits, par ce second auxiliaire, en 1910, ont été les mêmes que ceux produits, par le premier, en 1909.

L'année 1911 vient de nous permettre de constater d'une façon certaine, indiscutable, que les ceps influencés, dès 1909, ont repris leur vigueur primitive. Ils n'en cèdent en rien à leurs voisins, et comme pousse et comme quantité de fruits. Pour ce qui est des sujets influencés, à partir de 1910, leur guérison est certaine, si nous en jugeons par leur vigueur actuelle. L'année prochaine, elle sera complète, nous l'espérons.

Aussi, encouragé par cette réussite et en prévision d'un danger futur, malheureusement toujours possible, nous allons, dès la récolte achevée, monter un troisième électro-capteur auquel nous comptons donner de plus vastes et plus sérieuses dimensions. Dans un des angles de notre clos, en effet, pousse un chêne montant qui atteint environ 14 mètres ; nous y assujettirons une perche d'égale hauteur et, à l'aide de poteaux intermédiaires, pour soutenir le fil conducteur, nous relierons ce troisième capteur aux deux autres précédemment établis.

Tout notre vignoble sera ainsi placé sous la bienfaisante influence du « bain électrique ».

Les résultats que nous relatons furent observés et constatés par un grand nombre de personnes, notamment par MM. Roch et Gurget qui, enthousiasmés par les bienfaits de l'électroculture, vont entreprendre des essais applicables à la grande culture dans le but de vulgariser les nouvelles et excellentes méthodes de culture préconisées par M. Basty.

Les Herbiers, le 5 juillet 1911.
Signé : Billaud

Ce rapport fera réfléchir, nous l'espérons, plus d'un sceptique, et décidera, peut-être enfin, les irrésolus à entrer dans la voie nouvelle.

Chapitre II

Le rapport de l'honorable M. Billaud, très favorable à l'emploi de notre électro-capteur, nous fait un devoir d'indiquer, dans ce chapitre, la description et le fonctionnement, de cet appareil. Les amateurs d'électroculture n'auront plus, après cela, aucun motif à invoquer pour excuser leur apathie et leur négligence.

Notre électro-capteur est une simplification de l'électro-végétomètre de l'Abbé Bertholon, le grand-père de l'électroculture qui, dès 1783, inventait cet appareil en même temps qu'il publiait son ouvrage *De l'électricité sur les végétaux*.

§ 1. Description et fonctionnement
de l'Électro-végétomètre de Bertholon

Afin de mieux comprendre le fonctionnement de notre appareil, nous donnons, ci-après, la description sommaire de l'électro-végétomètre de Bertholon (voir fig. 1, page suivante) :

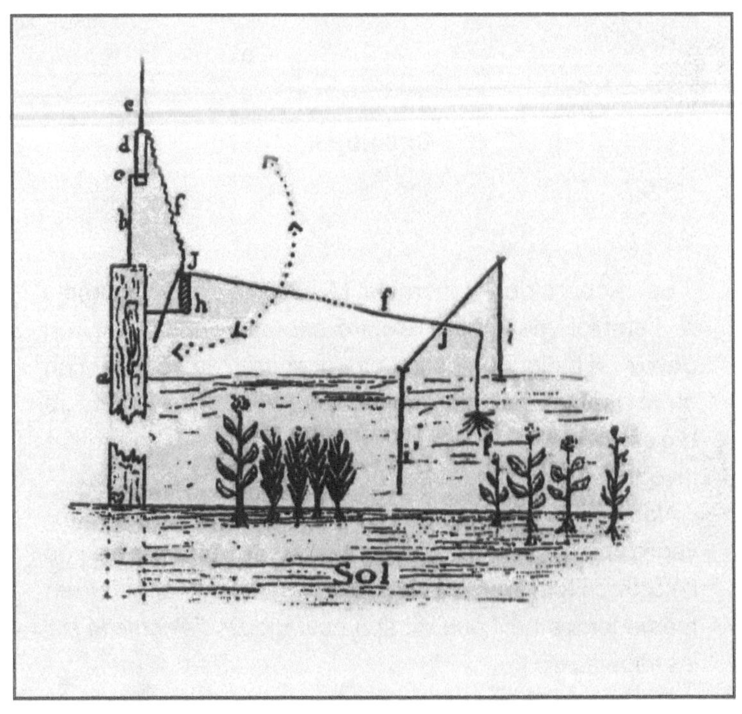

Figure 1

Au sommet d'un mât (*a*) de 8 à 15 mètres, planté solidement en terre, on fixe une tige métallique (*b*) terminée par un anneau (*c*), disposée horizontalement.

Cet anneau soutiendra un tube de verre (*d*) au milieu duquel une verge (*e*) en fer, terminée en pointe à son extrémité supérieure sera maintenue par un mastic isolateur.

Une chaine métallique (*j*), partant de la base de la verge, viendra reposer sur un disque métallique (*g*) soutenu par un isolateur (*h*) en verre, fixé au mât. Le disque fait partie d'un conducteur horizontal portant une brisure à charnière lui permettant de tourner dans tous les sens (voir les flèches, fig. 1).

Le conducteur horizontal (*f*) est soutenu, dans son parcours, par un fil ou des fils de soie (*j*), maintenus par deux ou plusieurs guéridons (*i*, *i'*).

Le conducteur est, en outre, coudé à angle droit ; un des côtés de l'angle est dirigé vers la terre et se termine par une sorte de balai métallique (*l*) formé d'une réunion de pointes.

Voici, en deux mots, le fonctionnement de l'appareil : l'électricité captée par la verge est transmise à la chaînette, puis au conducteur à charnière et transportée, grâce à lui, à l'endroit voulu, pour se répandre, par les pointes du balai, sur les plantes soumises au traitement.

« On obtient par ce procédé, dit l'Abbé Bertholon, un excellent engrais, que l'on va, pour ainsi dire, chercher dans le ciel et cet engrais ne sera nullement dispendieux. »

§ 2. Appareils dérivés de l'Électro-végétomètre

En 1848, Beckensteiner modifia l'appareil de Bertholon, auquel il donna le nom de géomagnétifère. Dans cet appareil, le balai aérien, disposé face à la terre, est remplacé par un conducteur souterrain en communication directe avec la tige terminée en pointe.

Notre vieil ami, le Dr Frestier, de Saint-Etienne, fit, avec cet appareil, une série d'expériences fort curieuses.

Le Russe Spechnev employa ensuite des couronnes métalliques surmontées de pointes dorées, et plaça ses conducteurs au-dessus des plantes à électriser.

Le frère Paulin reprit le géo de Bookensteiner, le perfectionna heureusement et l'employa avec succès à l'Institut d'agronomie de Beauvais et dans les environs de Montbrison.

En 1896, Narkewitsch-Yodko simplifia cet appareil et fit aboutir les conducteurs souterrains dans des plaques de zinc.

§ 3. Description de l'électro-capteur F. B.

En 1907, nous avons employé pour nos expériences un géo, auquel nous avons donné le nom d'électro-capteur. Cet appareil fort simple, à la portée de toutes les bourses, pouvant être construit facilement par la personne la moins compétente (à la condition de savoir faire, cependant, une soudure) nous a donné d'excellents résultats.

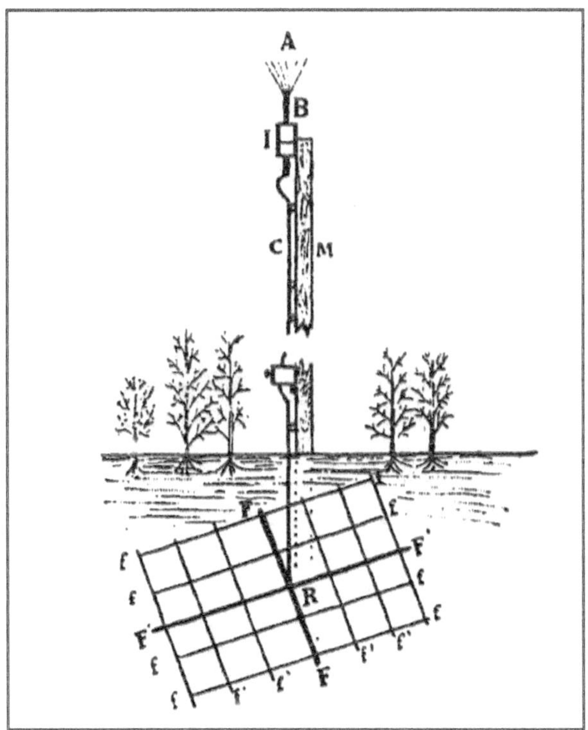

Figure 2

Voici, en quelques lignes, sa description :

Au sommet d'un mât (M) le plus haut possible, solidement planté en terre, on place un isolateur de porcelaine ou de verre d'un modèle spécial.

Cet isolateur (I) affecte la forme d'un cylindre creux suivant sa longueur. Dans l'isolateur sera introduit la base (B) d'une aigrette (A) en fil de cuivre dont les fils inférieurs auront été réunis entre eux au moyen de soudures et formeront ainsi une petite tige. C'est la base de cette tige qui sera introduite, par forcement, dans l'isolateur, suivant son grand axe.

Les fils de l'aigrette ont une longueur de 0,8 m environ et sont terminés en pointe.

Soudé à la base de la tige, un fil de cuivre (C), revêtu d'une matière isolante, descendra le long du mât et viendra se mettre en communication avec un réseau (R) formé de fils de fer galvanisés.

L'appareil est, en outre, pourvu d'un interrupteur spécial permettant de suspendre le passage du courant pendant les grandes chaleurs.

On peut également employer comme aigrette et comme conducteur aérien un fil de fer galvanisé, mais il faut avoir soin de le soutenir le long du mât par des isolateurs en porcelaine.

Le réseau souterrain est composé :

1) de deux fils (FF') qui sont du diamètre du conducteur aérien. Ces fils se croisent à angle droit au pied du mât ; ils seront soudés à leur point de jonction ;

2) par des fils d'un diamètre moindre (ff') et qui, enroulés ou soudés perpendiculairement sur les précédents, de

deux en deux mètres, constitueront une série de mailles de 4 mètres carrés de superficie.

Ce réseau est enterré, avant les semailles ou les plantations, à la profondeur normale qu'atteindront les racines des plantes que l'on veut traiter.

§ 4. Procédé original pour s'assurer du bon
fonctionnement d'un électro-capteur et,
incidemment, mesurer l'intensité d'un orage

Afin de prouver aux personnes qui doutent encore de la puissance de l'électricité atmosphérique et de la facilité avec laquelle elle peut être captée, nous rappellerons une expérience faite rue Proust, à Angers, par notre Président, M. le Professeur Préaubert.

Vers 1886, M. Préaubert employait pour démontrer la haute tension électrique atmosphérique, au moment des orages, un appareil à peu près analogue à notre électro-capteur.

Pour obtenir un isolement parfait du courant capté par la pointe, le fil conducteur passait dans un tube en paraffine et s'appuyait également sur des supports de même matière.

Entre le fil et la terre M. Préaubert plaçait un petit tube de Geissler. Pendant toute la durée de l'orage, ce tube devenait lumineux.

On pouvait alors suivre facilement toutes les péripéties du drame orageux, les variations d'intensité, les renversements fréquents du courant aérotellurique, grâce à l'inégal aspect des deux pôles du tube. C'est, peut-être, le meilleur moyen de se rendre compte de la partie électrique du phénomène très complexe qu'est le passage d'une ligne de grain orageux.

Si l'on ne désire pas faire servir notre électro-capteur à cet usage, on peut toujours, après une première installation, employer ce dispositif pour s'assurer que l'appareil fonctionne normalement, que les pointes ne sont pas oxydées et le fil parfaitement isolé.

Nous remercions bien sincèrement M. Préaubert de cette très intéressante communication.

§ 5. Électro-capteur paragrêle

L'électro-capteur ou, mieux, plusieurs électro-capteurs peuvent être utilisés pour protéger une très grande étendue de terrain contre la grêle.

C'est pour montrer leur efficacité que nous avons consenti, sur les instances de M. A. Daviau, président du Syndicat de Défense contre la grêle de Brissac et environs, à installer deux de ces appareils, dans une vigne située aux Nouettes, sur la route d'Angers à Brissac, à 1 kilomètre environ de la station de Saint-Jean-des-Mauvrets.

Nous attendons de cette installation les meilleurs résultats et les preuves les plus convaincantes.

TROISIÈME PARTIE

*Orientation de l'opinion publique vers l'utilisation de
l'électricité statique à haute tension*

L'appui que la presse scientifique a bien voulu donner, jusqu'à ce jour, à nos correspondants, a certainement contribué, pour une large part, à propager parmi le monde des chercheurs les idées d'électroculture.

Mais, malheureusement, certaines communications faites, outre qu'elles s'adressaient à un public éclairé sans doute, mais spécial, avaient souvent le grave inconvénient de ne pas traduire fidèlement toute notre pensée.

Pour donner à leurs articles un caractère d'originalité, il arrivait, parfois, à certains auteurs, très bien intentionnés d'ailleurs, de présenter des comptes-rendus incomplets, inexacts ou exagérés de nos expériences et de nos résultats. Puisque, d'après Emile Gautier, « nous menons le train », il est donc de notre devoir de le bien mener, d'éclairer suffisamment chacun, afin qu'il puisse choisir la voie qui lui convient le mieux, ou que semblent lui indiquer ses ressources et ses aptitudes professionnelles.

Soucieux, avant tout, de présenter cette science agricole nouvelle sous son véritable aspect, nous avons cru utile de développer et de commenter dans cette troisième partie certains points qui avaient été particulièrement mal interprétés, et d'orienter franchement l'opinion publique vers l'utilisation de l'électricité statique à haute tension, bien qu'elle semble, au premier abord, l'apanage exclusif du grand propriétaire.

Les explications que nous présentons sont données en toute indépendance et en toute impartialité. Salarié par aucune maison, ne vendant nous-même, actuellement, aucun appareil, nous ne pouvons être accusé d'agir par intérêt. Si, cependant, un intérêt nous guide – mais il est profondément désintéressé celui-là –, c'est l'intérêt supérieur de l'agriculture française, celui de tous les agriculteurs français.

*

*   *

Dans notre ouvrage *De la fertilisation électrique des plantes*, nous avons exposé rapidement nos méthodes, décrit, dans la mesure du possible, nos appareils et instruments, communiqué franchement nos résultats, résultats consciencieusement relevés et toujours vérifiés par de nombreux et honorables témoins. Aussi, pouvons-nous dire, avec une certaine fierté, que grâce à cette modeste brochure, l'électroculture est devenue la science agronomique du jour : on la tolère au foyer, on la discute dans les sociétés scientifiques et dans les facultés, et elle parvient enfin à retenir l'attention d'un ministre de l'Agriculture[29]. Demain, et c'est là notre vœu le plus cher et notre seule ambition, elle sera enseignée dans les écoles d'agriculture ; demain, elle sera reconnue pratique, bienfaisante.

---

29. M. Pams, ministre de l'Agriculture.

Mais, pour que ce demain soit proche, nous ne nous dissimulerons pas que nous aurons encore beaucoup à lutter, beaucoup à faire et à bien faire surtout.

Depuis dix ans, nous crions dans le désert ; de faibles échos, intéressés ceux-là, nous parviennent, et dès que nous demandons un effort, on nous répond invariablement : « Offrez des garanties... ; garantissez-nous, par contrat, une surproduction de 30 %, et nous marcherons... »

La haute école d'agriculture de Charlottenbourg a-t-elle demandé tant de garanties à M. l'Ingénieur Max Breslauer, lorsqu'il commençait ses premiers essais de 1908 ?

M. Bomfort, le riche propriétaire anglais, a-t-il fait signer un contrat à Sir Olivier Lodge avant de mettre à sa disposition un champ de 16 hectares ensemencé en blé ?...

Puisque le concours du riche nous est refusé, que les puissantes sociétés, spécialement créées pour encourager l'industrie et l'agriculture françaises, ne veulent point nous connaître, n'ayant d'autres commanditaires que notre foi et notre volonté, d'autres encouragements que ceux des petits, des déshérités du sort et de la fortune – qui eux, tendent vers nous avec confiance leurs bras impuissants – nous continuerons, quand même, à travailler pour tous.

Sans désavouer aucune ligne de notre ouvrage *De la fertilisation électrique des plantes*, sans cesser d'enseigner les bienfaits des électricités (naturelles) atmosphérique et tellurique, nous tenons aujourd'hui à déclarer – malgré tout ce que ces modalités électriques peuvent avoir de séduisant, de peu coûteux (captation gratuite), malgré aussi les résultats favorables, acquis au cours de cette année et exposés dans notre travail – que leur application à la culture proprement dite des plantes nécessite une patience inlassable et un doigté assez long à acquérir. Elles exigent, en outre, des connaissances spéciales des appareils capteurs et une non moins grande connaissance des divers états atmosphériques : tension électrique, humidité, sécheresse, chaleur.

Il nous a été donné de rencontrer souvent des personnes bien intentionnées crier au bluff ou à l'utopie en présence de leurs mauvais résultats ou du manque de résultats. Or, voici ce que font généralement ces personnes bien intentionnées : elles plantent dans leurs champs des appareils construits par elles ou... le forgeron du coin, sans se soucier si l'appareil est bien construit, si la pointe est conductrice, inoxydable ; si le fil est isolé dans sa partie aérienne ; si le réseau souterrain est placé à la profondeur convenable par rapport aux racines des plantes à traiter. Quant aux époques où l'appareil doit fonctionner, on l'ignore. L'appareil est là, il doit faire pousser tout et tout seul !

Or, l'électricité atmosphérique est une fée jolie, séduisante, mais capricieuse : il lui suffit d'une pointe oxydée, d'un fil mis en contact avec la perche, pour se montrer rebelle, réfractaire à toute idée bienfaisante. Est-ce sa faute, si l'homme est incapable de la conduire et de la dompter ?

Ce sont ces difficultés de captation, de domination qui ont fait que nous avons cherché, ne pouvant soumettre à nos désirs la belle indomptée, à la remplacer par une de ses sœurs, produite celle-là artificiellement par l'homme, là où il veut, quand il veut et comme il veut : j'ai nommé l'électricité statique à haute tension.

C'est donc l'utilisation de cette électricité artificielle et son application à la culture que nous venons spécialement patronner aujourd'hui auprès des petits propriétaires.

Si nous n'avons pas donné, dans notre livre, à cette bâtarde, la place à laquelle elle avait droit, c'est que nous fûmes séduit par les avantages de ses aînées qui, moins coûteuses, surent nous donner, après neuf ans d'efforts, d'appréciables résultats.

Mais, à notre époque où la patience des expérimentateurs s'émousse vite, où il faut surtout du positif et du tangible, nous avons craint que les caprices des électricités naturelles ralentissent la foi naissante de nos néophytes.

*
*   *

Nous ne rappellerons point, ici, les expériences de Sélim Lemström, de Newmann, de Lodge et les nôtres sur la production, l'utilisation de l'électricité statique à haute tension. Toutes ces questions ont été traitées l'année dernière.

Mais nous voulons surtout insister sur l'organisation des procédés permettant aux moins favorisés de la fortune de pouvoir l'expérimenter et l'appliquer.

Beaucoup se figurent, en effet, que pour employer l'électricité statique à haute tension, il est nécessaire d'avoir à sa disposition une force motrice considérable.

C'est une grosse erreur.

Tout réside dans la puissance du transformateur.

Aussi, que de chutes d'eau seront utilisées (en Maine-et-Loire notamment) le jour où nos idées auront fait leur chemin !

À défaut de houille blanche, un simple moteur de 2 ou 4 chevaux suffit.

Des groupes électrogènes se trouvent dans l'industrie à des prix très abordables, pas encombrants, consommant peu à l'heure, d'un fonctionnement simple et indéréglable, ils peuvent facilement s'abriter sous la plus petite cabane construite au milieu des champs.

Le courant ainsi produit sur place par un moteur, ou transporté, suivant qu'il provient d'une usine électrique ou hydro-électrique, est transformé dans le champ et, de là, se répand au-dessus des terrains à électrifier.

Le traitement est simple : quelques heures d'électrification de mars à juillet pendant des périodes convenablement choisies (temps froid, sec), suffisent généralement.

De chez lui, l'agriculteur dirigera son courant avec la même facilité qu'il allume sa lampe ou met en marche son moteur.

Et, s'il sait judicieusement employer la fluide bienfaisant, c'est par une surproduction de 30 à 40 % que se traduiront ses efforts.

Mais ce système, dira-t-on, pour si parfait qu'il soit, a le tort de coûter cher et, seuls, ceux qui ont du temps et du foin dans leurs bottes, peuvent se payer ce luxe[30].

C'est pour répondre à cette grave objection que nous avons écrit spécialement cette troisième partie.

*
* *

Prenons une propriété de 100 hectares cultivée en blé et rapportant, dans des conditions normales, 50 000 francs.

Si on fixe à 2 000 francs le prix du moteur et du transformateur et à 5 200 francs les frais du réseau métallique, poteaux et isolateurs, consommation du moteur, on voit que cette propriété qui, par nos procédés, va produire un quart en plus, rapportera, à son propriétaire, 62 500 francs, soit, avec tous les frais payés et dès la première année, un bénéfice net de 5 000 francs.

Allons même plus loin, disons que ce bénéfice est nul la première année.

Supposons maintenant que cette propriété de 100 hectares soit possédée par 10, par 20, ou par 30 petits propriétaires.

Syndiquons-les, groupons-les, peu nous importe le mode d'association, et voyons quels seront les risques de chacun.

C'est, suivant le cas : 720, 360, 180 francs qu'ils auront à avancer, sommes bien peu importantes, on en conviendra.

---

30. Emile Gauthier, *Le Journal*, 16 janvier 1911.

175

Quels seront les bénéfices réalisés, dès la deuxième année : 1 200, 600, 400 francs !

À des risques minimes correspondent donc des bénéfices fort appréciables.

Aux petits cultivateurs, aux fermiers donc de donner l'exemple ; ils en ont le pouvoir et, quoi qu'on en dise, les moyens.

Et, pourquoi ne verrait-on pas le propriétaire avancer à ses fermiers les premiers frais d'installation, quitte à prélever un léger fermage supplémentaire lui permettant d'amortir le capital avancé ?

Pourquoi partant, les communes, les départements ne seraient-ils pas chargés de la canalisation, du transport du fluide ?

Il existe bien des sociétés, des syndicats d'irrigation, de défense contre la grêle, pourquoi ne créerions-nous pas, à notre tour, des groupements locaux ou régionaux d'électroculture ? Alors, l'utilisation de ce merveilleux fluide que l'homme a su produire, menée parallèlement à la captation des forces que la nature a mis à sa disposition, viendrait, non seulement transporter la force, la lumière, la parole, mais aussi redonner à notre vieux et cher sol gaulois la fertilité et la vie !

CONCLUSIONS

L'idée d'Électroculture a fait son chemin au cours de l'année 1910 ; et si, actuellement, le nombre des expérimentateurs est encore restreint, du moins le nombre de ceux qui n'ignorent plus cette science agronomique est très grand.

Grâce à la Société d'études scientifiques d'Angers qui a, la première, publié et répandu aux quatre coins du monde nos communications dans les bulletins annuels de 1908, 1909 et 1910, grâce à l'accueil sympathique des revues scientifiques et agricoles, à l'empressement de la presse locale et parisienne, nos expériences et nos méthodes ont été connues et le public, pendant un instant, a eu son attention fixée sur cette captivante question.

Sans apporter de lois précises, de principes infaillibles, nos expériences de 1910, corollaires des précédentes, constituent un nouveau faisceau de preuves et de données intéressantes, susceptibles de guider, dans leurs recherches et leurs travaux, tous les expérimentateurs avides de science et de progrès.

Le progrès s'est déjà fait sentir par l'orientation nouvelle que nous avons cru devoir donner au public vers l'utilisation des courants de haute tension. Demain, ce sera, peut-être, vers l'utilisation des courants de haute fréquence qu'il faudra diriger nos recherches. En effet, grâce aux effluves puissantes qu'ils engendrent, il est à supposer que leur action sur la plante est accompagnée de phénomènes chimiques, mécaniques et physiologiques analogues à ceux produits sur l'organisme humain, dans certains cas pathologiques déterminés.

L'expérience et le travail, seuls, pourront nous renseigner à ce sujet. Mais nos efforts isolés, pourront-ils enfanter de grandes choses !...

Souhaitons, en terminant, voir bientôt de nombreux chercheurs entrer dans cette voie. Au milieu des ronces et des épines du chemin, ils trouveront, nous en sommes persuadé, des fleurs d'autant plus suaves qu'elles auront le charme de la nouveauté et l'attrait irrésistible de l'inconnu.

*

*   *

Qu'il nous soit permis d'adresser, dès aujourd'hui et sans attendre le Bulletin de 1911, l'expression de notre bien vive et bien respectueuse reconnaissance à M. René Besnard, sous-secrétaire d'État des Finances, pour l'intérêt qu'il a bien voulu témoigner à nos modestes travaux et à M. Pams, ministre de l'Agriculture, pour la consécration officielle qu'il leur a donnée, en honorant notre Société d'une subvention.

Angers, 28 mai 1911.

F. B.

CONFÉRENCE DE
M. LE COLONEL PILSOUDSKI
Ingénieur à Saint-Pétersbourg,
sur ses travaux d'électrocullure

(Résumée par M. F. BASTY,
Secrétaire général du Congrès)[31]

L'application de l'électricité à la culture commence à intéresser un grand nombre d'agronomes et de savants Jusqu'ici, les résultats obtenus ont été des plus contradictoires. La cause de ces résultats si changeants, si inégaux est sans doute dans le fait que tous les facteurs qui exercent une certaine influence sur les expériences sont encore loin d'être parfaitement connus. Si nous nous reportons à la littérature assez riche sur cette question (puisqu'elle comprend près de 500

---

31. *NdE* : Il s'agit du « Premier Congrès international d'électroculture et des applications de l'électricité à l'agriculture, à la viticulture, à l'horticulture et aux industries agricoles », qui s'est tenu à Reims, du 24 au 26 octobre 1912.

Le compte-rendu complet est en téléchargement gratuit sur notre site www.electroculture-books.com.

Ce premier congrès devait être suivi d'un second en 1913, mais il fut reporté à l'année suivante faute d'avancées suffisantes, et n'eut finalement jamais lieu, pour cause de... guerre.

travaux écrits) nous verrons que, dès 1746, Maimbray d'Edimbourg soumet, pour la première fois, deux myrtes à l'influence électrique.

Parmi les travaux qui méritent une attention particulière, je tiens à citer ceux de Becquerel, Mateucci, Reissert, Celi, Leclaire, Lemström, Grandeau, Volny, Guarini, Spechnev, Basty, etc.

M'intéressant particulièrement à la question électroculturale, l'ayant moi-même étudiée en détail pendant plusieurs années, j'ai opéré une série d'expériences dont les résultats sont mentionnés dans le journal russe *Le Cultivateur*. Ce sont les travaux des professeurs Guarini et Lemström qui, au début de mes recherches, ont retenu toute mon attention. Des travaux de ces savants, il résulte, en effet, que l'électricité est un des facteurs les plus importants dans la vie des plantes.

D'après Guarini, les rayons solaires exercent sur les plantes non seulement une influence en tant que producteurs d'énergies chaleur et lumière, mais encore et surtout en tant qu'énergie électrique.

Chacun sait que certaines plantes, pour ne pas dire toutes, se développent très mal dans l'obscurité. Ce n'est pas seulement parce que ces plantes sont privées de l'énergie lumière, indispensable à la production de la chlorophylle, mais aussi parce qu'elles sont privées de l'énergie électrique. En effet, si l'on entretient les mêmes plantes dans une obscurité complète, en leur donnant cependant la possibilité d'obtenir de l'énergie électrique, elles se développent. D'ailleurs, une série d'expériences très concluantes a brillamment démontré ce que j'avance.

Bien plus, ces plantes parviennent même, par la suite, à fructifier. M. Guarini a fait la contre-expérience en soustrayant une plante aux influences des électricités atmosphérique et tellurique : celle-ci a vite dépéri.

Il est donc établi que les plantes ont, non seulement, besoin, pour vivre, des énergies lumière et chaleur, mais aussi de l'énergie électrique. Or, les courants électriques traversant les plantes de l'atmosphère à la terre pour revenir ensuite, à travers celles-ci, du sol à l'atmosphère, facilitent, à travers les vaisseaux capillaires, l'ascension de la sève et, partant, toutes les fonctions de la plante, notamment la fonction chlorophyllienne, fonction, est-il besoin de le rappeler, qui décompose en oxygène et en carbone l'acide carbonique exhalé et sans laquelle les opérations d'assimilation et de nutrition seraient impossibles.

Le rôle de l'énergie électrique se manifeste encore visiblement sur la décomposition chimique des composés contenus dans le sol. Enfin, le courant électrique joue un rôle important en activant la respiration de la plante qu'il traverse. Ajoutons que, sous l'influence d'un courant de haute tension, la fonction respiratoire est accrue, qu'une production d'ozone se forme dans les cellules, et que ce développement occasionnel d'ozone doit avoir indubitablement comme conséquence d'augmenter l'activité de l'organisme végétal.

Tous ces faits montrent donc bien le rôle proéminent de l'énergie électrique, sa grande influence sur l'activité vitale des plantes, et il n'est donc pas chimérique d'espérer réaliser des progrès importants dans l'art de cultiver le mieux possible les plantes, lorsque l'on saura exactement la nature des courants auxquels il faudra soumettre celles-ci.

De ce qui vient d'être dit, il résulte très clairement, qu'à l'heure actuelle, il y a lieu de tenir compte, et cela très sérieusement, dans l'amélioration des cultures, du rôle des électricités atmosphérique et souterraine jusqu'à présent peu connues. C'est d'ailleurs la physiologie des plantes qui nous signale le rôle important de ces deux électricités. Dans l'atelier immense de la Nature, tout est arrangé tellement conformément au but, que même les épines des arbres à feuilles aciculaires et les râpes des plantes céréales, ainsi que les inégalités des bords des feuilles d'arbres doivent être prédestinées à des fonctions déterminées ; la présence de l'électricité dans l'air leur donne la possibilité d'accomplir le rôle de véritables capteurs...

Et M. Pilsoudski cite un extrait de l'ouvrage du professeur Lemström concernant l'influence de l'électricité atmosphérique sur la vie des plantes, dans les régions arctiques.

*
*   *

Jusqu'à ce jour, on a appliqué l'électricité à l'agriculture sous ses différentes manifestations : électricités tellurique (voltaïque), atmosphérique, courants de haute tension, provenant de dynamos et de transformateurs.

Malheureusement, nous sommes encore peu fixés sur la nature, l'intensité et la tension des courants qui doivent donner les meilleurs résultats.

À l'époque où j'étudiais cette question, j'expérimentais dans le Jardin des Plantes de Saint-Pétersbourg. Voulant faire, avant tout, une installation économique, je me suis servi, comme éléments, de deux électrodes égales en fer. En installant les éléments à différentes hauteurs, sur un terrain en pente, j'ai remarqué que l'électrode placée dans une terre humide était toujours positive. Me basant sur cette constatation, je me suis demandé quels seraient les résultats que l'on pourrait obtenir sur un terrain plat qui serait arrosé à volonté.

J'ai obtenu des résultats favorables, à savoir qu'il s'est formé un courant électrique entre deux éléments en fer de même surface. Si l'on tient compte du fait que ces essais eurent lieu dans un potager dont les plates-bandes étaient assez élevés et les éléments disposés dans la direction sud-nord, les résultats que j'obtins m'ont pleinement satisfait.

J'ai voulu expérimenter ensuite l'action des courants provenant des machines (on avait essayé, en effet, à l'époque, vers 1889, d'employer l'électricité à la lutte contre le phylloxéra). J'ai alors porté mon attention sur des arbres plantés dans le parc de Bruxelles et qui étaient soumis à l'action de courants d'induction. J'ai constaté que l'influence des courants n'était pas étrangère à la croissance exubérante des arbres traités. Un peu plus tard, M. Lemström chercha à appliquer à l'agriculture les courants électriques de haute tension, mais cette expérience, qui d'ailleurs est classique, exige des appareils spéciaux, coûtant fort cher et servis par un personnel très bien dressé. Aussi, voulant appliquer l'électroculture d'une façon pratique et peu coûteuse, est-ce vers l'utilisation de l'électricité voltaïque produite par des éléments terreux et de l'électricité atmosphérique dont la captation est gratuite que j'orientai mes recherches. D'ailleurs, voici comment je fus amené à cette solution.

En 1873, je dirigeais à Tachkent la section électrotechnique des troupes du génie. Or, par le plus grand des hasards, je constatai le fait suivant : en exécutant un certain travail, il nous fallut plonger deux électrodes dans un canal servant à l'irrigation (*arike*) des champs avoisinants. Les électrodes étaient en cornmunication avec une puissante batterie voltaïque d'environ 200 éléments : les électrodes étaient l'une en zinc et l'autre en cuivre. Notre travail achevé, les électrodes furent laissées en place dans le canal ; seulement, et je ne sais par quelle idée, on fut amené à relier ensemble les fils conducteurs. Or, sur les bords du canal, croissaient des peupliers qui, normalement en dix ans, devenaient suffisamment forts pour être employés aux travaux de construction. Les électrodes oubliées par nous donnèrent naissance à un courant électrique et, lorsque quelque temps plus tard nous repassâmes, je constatai que la hauteur des peupliers plantés entre les deux électrodes dépassait deux fois celle des peupliers voisins.

Mes préoccupations militaires, à cette époque, ne me permirent pas de m'occuper sérieusement de cette question. Mais Narkewitch-Yodko publia des travaux sur ce sujet et proposa même de graisser et de vernir les électrodes. À mon avis, de pareilles manipulations ne peuvent qu'être nuisibles à la conductibilité des éléments voltaïques.

Des essais furent aussi tentés par M. Spechnev dans le gouvernement de Kiev et ensuite par M. Popof à Kronstadt. Les produits obtenus furent présentés à l'Exposition agricole de Saint-Pétersbourg. M. Spechnev a d'ailleurs consigné ses observations et résultats. L'emploi de l'électricité donne, d'après lui :

1° une augmentation considérable de croissance ;

2° une augmentation de récolte de 100 % ;

3° la floraison de la plante se fait beaucoup plus tôt.

M. Spechnev a trouvé, en outre, que la composition de la terre se trouve modifiée par l'action des courants. Cette action est mise en lumière de la façon suivante : à trois pieds de profondeur, il prélevait dans un sol électrisé 100 grammes de terre et la même quantité dans un sol exempt de toute influence électrique, mais de même composition.

Ces deux prélévements étaient lavés et séchés à 14° R.

Dans 1 000 kilogrammes d'eau, le premier prélèvement de terre se dissolvait dans la proportion de 0,155 et le deuxième, seulement dans la proportion de 0,085, c'est-à-dire dans une proportion moitié moindre.

De l'emploi des éléments terreux
(Électricité voltaïque)

Pour produire l'électricité (voltaïque), au moyen des courants terreux, on crée une vaste pile dont l'un des pôles est constitué par une ou plusieurs plaques de zinc enfouies dans le sol (c'est le pôle +), l'autre pôle par une ou plusieurs plaques de fer également enfouies dans le sol (c'est le pôle -). Ces deux pôles sont réunis au moyen d'un conducteur.

En étudiant l'emploi des éléments terreux, j'ai constaté qu'il y a avantage et même nécessité à disposer alternativement une électrode zinc et une électrode fer (voir fig. 1, p. 201).

Si les électrodes sont disposées comme je viens de l'indiquer, elles doivent électriser les champs d'une façon complète.

Grâce à cette disposition, il m'a été permis de démentir les assertions de certains savants qui prétendaient que les courants électriques provenant des éléments terreux étaient les mêmes que les courants de la terre, ces derniers suivant toujours la direction du sud au nord. Or, s'il en était ainsi, la déclinaison de l'aiguille du galvanomètre suivrait toujours la même direction, tandis que dans la disposition que je préconise, l'aiguille décline selon la direction des courants, ce qui prouve donc bien l'existence des courants terreux[32]. Les éléments terreux sont très constants dans les terrains plats, éloignés des montagnes, tandis que dans les terrains montagneux, ils sont excessivement inconstants, cela dépend de la grande quantité des courants électriques de la terre qui, choisissant la résistance « minima », sont ainsi amenés à suivre des directions différentes.

À ce sujet, mes observations furent faites sur la pente sud de la chaîne principale des monts du Caucase. J'ai remarqué que l'aiguille du galvanomètre changeait constamment de direction, et même tournait autour de son axe. Cela se produisait surtout avant les tremblements de terre qui, dans cette région, sont assez fréquents. Je fus donc conduit à supposer que pendant les tremblements de terre, et même un certain temps avant, il se forme dans la terre une grande quantité de courants électriques qui peuvent être surpris par les appareils introduits dans la chaîne des éléments terreux. On a raison de supposer qu'un grand nombre de tremblements de terre proviennent des ouragans électriques qui ont lieu dans le sein de la terre. En effet, dans la terre se trouvent de grands gisements de granit et de schiste qui sont mauvais conducteurs de l'électricité, mais la terre qui les entoure est bon conducteur, de sorte que l'ensemble forme un condensateur d'une énorme capacité qui se charge pendant un certain temps et, enfin un beau jour, se décharge. Cette décharge colossale fait fondre et vaporiser toutes les matières environnantes. Alors, se produisent tous les cataclysmes que nous constatons

---

32. Par courants terreux, M. Pilsouski entend les courants telluriques.

à la surface. Ce condensateur, d'ailleurs comme tous les autres, ne se décharge pas complètement d'un seul coup, mais exige des décharges répétées, de plus en plus faibles. C'est ainsi que dans les tremblements de terre, nous observons des coups répétés.

En supposant que les tremblements de terre sont les suites d'un ouragan électrique qui a pris naissance dans le sein de la terre, on peut utiliser les éléments terreux comme baromètres susceptibles d'indiquer et d'enregistrer les intensités des tremblements de terre.

Dans l'application de l'électricité à la culture des plantes, il faut toujours avoir la possibilité de déterminer exactement l'intensité et la tension du courant. La régularisation de l'intensité des éléments terreux se fait de la façon suivante : les expériences ont montré qu'en augmentant la surface de l'électrode négative, on augmente la force du courant électrique. L'élément terreux doit avoir une intensité et une tension qui doivent

être inférieurs à 10 $\frac{M}{a}$ et 25 $\frac{M}{v}$.

Pour expliquer comment des courants aussi faibles peuvent produire un travail, et, partant, exercer une action salutaire, il faut bien remarquer que pour obtenir ce résultat appréciable, ces courants doivent fonctionner pendant plusieurs mois. La surface des électrodes est ordinairement d'un mètre carré. S'il est nécessaire d'augmenter la distance entre les électrodes (dans mes essais, la longueur du champ ne dépassait pas 650 sagènes), on augmente la surface de l'électrode négative en réunissant deux ou plusieurs tôles de fer ensemble. Au cours de mes expériences, la surface de l'électrode négative était parfois augmentée de 5 fois (voir fig. 4).

Dans l'expérience scientifique faite sur une distance de 120 kilomètres entre Rouen et Asnières, une électrode positive était enfouie à Rouen et 40 de même dimension à Asnières. La force du courant électrique suffisait pour faire fonctionner le télégraphe.

Pour appliquer l'électricité à la production d'un travail quelconque, il faut d'abord définir la nature des courants, déterminer leur intensité et leur tension. Par exemple, pour allumer une lampe électrique à fil, il faut avoir à sa disposition un courant d'une tension de 110 volts et d'une intensité d'un demi-ampère. Si la lampe reçoit moins d'énergie électrique, elle éclairera peu ou même pas du tout ; si elle en reçoit trop, le fil brûlera entièrement et la lampe s'éteindra.

Si nous voulons appliquer l'électricité à l'agriculture, il nous faut donc définir aussi avec une très grande précision la force et la tension du courant. L'électrolyse violente et continue de la terre peut en effet l'épuiser. De plus, les plantes peuvent elles-mêmes être soumises à des courants trop forts.

Je dus travailler longtemps pour arriver à fixer 1° la quantité minima d'ampères et de volts nécessaires pour obtenir les meilleurs résultats ; 2° pour avoir une installation permettant de régulariser, sans difficulté, ces deux facteurs « tension et intensité » des courants. La pratique m'a montré que les simples paysans du gouvernement de Moscou, après les explications que je leur avais données, étaient parvenus à cultiver électriquement dans leurs potagers des melons et même des melons d'eau provenant, non seulement de plants, mais directement de graines. Un autre précieux avantage que je signale est relatif à la précocité très grande de la plupart des plantes soumises à l'électricité. En effet, des citronniers, orangers, mandariniers du pays de Batoum qui, normalement, devaient donner des fruits beaucoup plus tard que les mêmes essences cultivées en Italie, parvinrent à produire des fruits, à la même époque, grâce à l'emploi de l'électricité.

Conditions à remplir pour arriver à de bons résultats

Avant de commencer une expérience d'électroculture, il est nécessaire : 1° de s'orienter, de connaître l'Orient et l'Occident et de disposer les éléments dans cette direction ; 2° de déterminer exactement l'intensité et la tension nécessaires au courant avec lequel on désire travailler. Pour cela, on enfouira dans la terre une tôle en zinc d'un mètre carré de surface et, dans la direction longitudinale opposée, une tôle en fer de même dimension.

Les deux tôles seront réunies par un fil conducteur (voir fig. 2). En introduisant dans le circuit un appareil de précision (galvanomètre), on pourra ainsi mesurer l'intensité ou la tension du courant. Si l'élément terreux ne donne pas le courant que l'on désire obtenir, on pourra enfoncer à côté de la tôle en fer une deuxième tôle de même dimension. Bien entendu, ces deux tôles devront être réunies entre elles. Il doit se former de suite un courant dirigé dans la direction du zinc au fer. Si le galvanomètre n'indique pas encore le voltage et l'ampérage désirés, on augmente les quantités de tôle en fer en les disposant et en les unissant de la même manière. D'ailleurs, l'emploi de l'ampèremètre et du voltmètre est simple, et l'ouvrier agricole le moins exercé a vite fait son apprentissage.

Certaines précautions sont indispensables lors de l'enfouissement des éléments : il est nécessaire de creuser une petite tranchée dans laquelle on posera verticalement la tôle ; on remblayera ensuite en versant la terre par couches et en ayant soin de bien pilonner la terre autour de la tôle. En outre, les fils conducteurs doivent être soudés sur les tôles ou réunis entre eux au moyen de serre-fils. Chaque pôle constitué par une, deux, trois ou quatre plaques est relié au moyen d'un fil conducteur aérien avec l'autre pôle. Ce conducteur repose sur des isolateurs fixés à des poteaux placés de distance en distance et hauts de 4 archines pour ne pas gêner les travaux.

Pour vérifier le fonctionnement de l'installation et la force du courant, les conducteurs des plaques d'un même pôle sont unis, à l'aide de serre-fils, avec les conducteurs aériens du pôle opposé. On peut aussi réunir tous les éléments entre eux.

J'ai dressé les deux tables suivantes, destinées à indiquer les variations de courant mesurées à la boussole Eliott. Dans la table n° 1, la force du courant est celle de tous les éléments réunis entre eux, soit par leur chaîne, soit au moyen de serre-fils. Dans la table n° 2, la chaîne est coupée et les serre-fils sont enlevés (dans ces expériences, les électrodes sont fer-fer).

	Table n° 1 (13 juin 1907)	
Nos des éléments.	Indications de la boussole Eliott.	
Electrodes : fer–fer	Chaîne fermée	Chaîne coupée
N. 1.	66°	34°
2.	61°	40°
3.		53°
4.		60°
	Table n° 2 (27 juillet 1902)	
1.	75°	18°
2.	68°	55°
3.	77°	46°
4.	79°	64°

Naturellement, la force des courants ainsi obtenus est très faible, mais, si l'on tient compte de leur durée, qui peut être de plusieurs mois, on comprendra que cette action, faible il est vrai, mais constante cependant, ne doit pas être sans exercer une influence sur les plantes. D'ailleurs, s'il fallait des faits, je citerais les expériences que j'ai entreprises à Choisy-le-Roi et à Paris. Cette action lente du courant dans le sein de la terre, cette électrolyse souterraine agissant sur les sels insolubles du sol, parviennent à les transformer, à les rendre solubles et partant, comparables à de véritables engrais.

Chaque élément galvanique doit être soigneusement dépolarisé. On dépolarise en interrompant le courant pendant 24 heures. Enfin, les électrodes doivent être nettoyées de temps en temps.

Emploi de l'électricité atmosphérique

Si l'on désire obtenir une installation plus perfectionnée, capable d'utiliser l'électricité atmosphérique, on peut procéder ainsi que je vais l'indiquer. Mais, laissez-moi invoquer, une fois encore, le nom du professeur Lemström. Ce dernier a prouvé que l'électricité atmosphérique jouait un rôle très favorable dans la croissance des plantes. Or, comment peut-on arriver à capter l'électricité atmosphérique ?

La Nature, par les organes de ses végétaux, nous sert de modèle. Imitons donc la Nature. Servons-nous de pointes pour capter le bienfaisant fluide.

Ceci dit, je reviens à mon installation perfectionnée. Si je fais passer au-dessus des conducteurs aériens qui relieront mes éléments terreux des fils hérissés de pointes conformément au dispositif de la fig. 3, j'utiliserai donc une nouvelle modalité électrique. Pour avoir une circulation du courant par le fil à pointe, on le mettra en communication avec la terre. Enfin, la force de ce courant sera mesurée au moyen de la boussole Eliott.

Au cours d'installations importantes, j'ai été amené à me rendre compte du dégagement considérable d'ozone qui se produisait dans le voisinage des fils. Je remarquai même une lueur sur les pointes et, par deux fois, au moment où la tension atmosphérique était très forte, je m'aperçus que les fils à pointes devenaient rouges et commençaient à fondre. Pour éviter, à l'avenir, de semblables accidents, j'ai introduit et disposé, au milieu de cette installation, un condensateur mis en contact avec tous les fils conducteurs de l'électricité atmosphérique (voir C, fig. 3). Ce condensateur doit travailler automatiquement et empêcher, dès qu'elle se produit, la naissance d'une tension trop forte. Voici sa description (voir fig. 5).

Sur un disque de verre *a* sont posées deux tôles de cuivre, une en haut et l'autre en bas. À la tôle d'en haut est soudé un cône *b*, à la tôle d'en bas un bondon *c* qui sert à emmancher et à maintenir le condensateur sur une perche *k*. La régularisation du courant se fait à l'aide d'un excitateur *p*, au moyen duquel on peut augmenter ou diminuer la distance entre la pointe de la vis et la tôle supérieure, de sorte qu'en déchargeant le condensateur on peut avoir une étincelle plus ou moins longue. Il est donc possible de régler l'appareil de façon que la tension de l'électricité atmosphérique ne vienne pas détruire toute l'installation.

Résultats

Permettez-moi de vous communiquer certains résultats de mes expériences.

Mes essais sur *fèves* ne m'ont donné aucun résultat.

En ce qui concerne les *pommes de terre*, l'application de l'électricité m'a demandé beaucoup de précautions.

M. Reisert, en Allemagne, a fait l'analyse du moult de vin provenant de *vignes* électrisées et a constaté une augmentation appréciable de sucre.

Enfin, les *betteraves* se trouvent fort bien du traitement électrique ainsi que nous l'avons constaté au cours des expériences faites à Choisy-le-Roi, chez M. Bourguilleau, et dans le Jardin des Plantes de Saint-Pétersbourg.

J'aurais voulu donner les résultats complets de l'installation *cotonnière* que j'ai faite au Turkestan, dans le pays de Fergana, chez les frères de Korzinkin, mais les champs de contrôle furent placés, par les gérants de la propriété, dans des conditions tellement favorables, tant au point de vue des engrais qu'au point de vue de l'arrosage, qu'il m'est impossible de déduire de ces essais un enseignement précis.

Néanmoins, je dois signaler que les arbustes de coton provenant du champ électrisé étaient plus fortement développés, présentaient beaucoup plus de boutons et bien avant ceux des champs de contrôle. Aussi, Messieurs, je me demande pourquoi la Russie, qui dépense plus de 100 millions de roubles par an pour l'achat du coton étranger, ne chercherait pas, grâce aux procédés de la culture électrique, à cultiver, non seulement le coton qui lui assurerait son nécessaire, mais encore à alimenter une partie de l'Europe. En effet, le nord du Caucase, le sud de la Russie et même les bords de la Volga seraient des terrains très favorables à la culture cotonnière fertilisée par l'électricité. Aussi, j'estime que cette question de l'électroculture du coton doit être considérée par tout Russe comme une question d'État.

En ce qui concerne l'application de l'électricité à *l'arboriculture*, je pense qu'elle peut être employée à la condition de se servir des éléments terreux (électricité voltaïque) et de l'électricité atmosphérique, surtout quand les arbres fruitiers sont jeunes. Il y a lieu de tenir compte aussi, je crois, que l'ozone produit par l'électricité atmosphérique détruit tous les champignons qui causent tant de maladies aux plantes petites et grandes.

En appliquant le traitement électrique aux *jeunes vignes*, on doit obtenir d'excellents résultats. Je ne puis affirmer que le phylloxera disparaisse sous l'action de courants électriques très forts, mais je crois qu'en travaillant longtemps avec des courants de faible intensité, on pourra parvenir à donner aux racines de la vigne une force, un développement et une croissance tels qu'elles seront à même de résister à tous les assauts du terrible insecte.

Je recommande de traiter les *potagers* de la même manière que les champs.

Enfin, on peut électriser des plantes cultivées dans des pots ou dans des vases en introduisant dans le récipient deux tôles, une en fer et l'autre en zinc et en réunissant les deux pôles par un conducteur. L'électrode zinc peut même être remplacée par une électrode en coke.

À titre documentaire, je rappellerai que ma méthode et mes procédés ont été expérimentés en France, dans le nord de l'Italie, aux Pays-Bas et en Russie, dans les gouvernements de Koursk, Voronéze, Charkov, Kiev et dans le pays de Fergana, au Turkestan.

D'ailleurs, M. Basty, notre sympathique secrétaire général, dans sa belle et savante conférence a, hier, relaté, devant vous, certaines expériences basées sur ma méthode et sur celle de M. Spechnev, dont les résultats ont été le plus généralement favorables.

Je crois utile, non seulement de mentionner ces faits, mais encore de faire ressortir devant vos yeux les résultats d'analyses auxquelles je me suis livré tant sur le sol que sur certaines plantes.

1° Analyses du sol

Première expérience, au bourg Smiela (gouvernement de Kiev) dans la propriété du comte de Bobrinsky.

a) *Sol proprement dit*

	Champ de contrôle.	Champ électrisé.
Teneur en eau (H²O)	2.88 °/°	4,09 °/°
Substances solubles après la calcination	0,064	0,044
Oxyde de potassium (K²O).	0,0078	0,0013
Chaux (CaO) .	0,011	0.019
Acide phosphorique (P²O⁵) assimilable. .	0,033	0,030
Azote assimilable (dans les limites de l'erreur)	»	»

b) *Sous-sol*

	Champ de contrôle.	Champ électrisé.
Teneur en eau (H²O)	2,68 °/°	2,72 °/°
Substances solubles après la calcination	0,044	0,046
Chaux (CaO).	0,0165	0,019
Acide phosphorique (P²O⁵) assimilable	0,019	0,009

2ᵉ EXPÉRIENCE

a) *Sol proprement dit*

	Champ de contrôle.	Champ électrisé.
Teneur en eau (H²O).	2,90	4,09
Substances solubles après la calcination .	0,042	0,04
Oxyde de potassium (K²O)	0,0077	0,0027
Chaux (CaO)		
Acide phosphorique (P²O⁵)	0,011	0,010
Azote assimilable dans les limites de l'erreur .	0,036	0,025

4,1677 °/°

b) Sous-sol

Teneur en eau (H²O).	2,81	
Substances solubles après la calcination.	0,046	0,061
Oxyde de potassium (K²O).	»	»
Chaux (CaO)	0,026	0,050
Acide phosphorique (P²O⁵)	0,028	0,028
		4,499

2° Analyse des plantes
cultivées au Jardin des Plantes de Saint-Pétersbourg

1° BETTERAVES (*Premier essai*)

	Eau.	Matière sèche.	Sucre.
Betteraves d'un champ non électrisé.	85,467 %	14,633	9,151
Betteraves d'un champ électrisé.	84,011	15,987	9,405
(*Deuxième essai*)			
Betteraves d'un champ non électrisé	85,424	14,576	8,933
Betteraves d'un champ électrisé	83,990	16,010	9,416

2° POMMES DE TERRE

		% de la matière sèche.	Poids spécifique.
Perle précoce	d'un champ non électrisé.	15.437	1,057
	d'un champ électrisé.	15,333	1,509
Early Rose	d'un champ non électrisé	17,491	1,069
	d'un champ électrisé.	16,975	1,066
Président prince de Souvaroff	d'un champ non électrisé	16,593	1,062
	d'un champ électrisé.	16,339	1,063
Mogon Bonom	d'un champ non électrisé	17,341	1,073
	d'un champ électrisé.	17,299	1,071

CONCLUSION

Messieurs,

Je ne veux pas terminer cette conférence sans appeler particulièrement l'attention de mon auditoire sur les faits suivants :

1° L'emploi de l'électroculture dans les latitudes septentrionales semble donner des résultats inférieurs à ceux obtenus dans les latitudes méridionales, mais cette constatation est plus apparente que réelle.

2° J'ai constaté, qu'après un certain nombre d'électrisations, l'humidité du sol était parfois double de celle du champ témoin. Si ce fait se contrôlait toujours, on voit donc de quelle importance serait cette conséquence de l'électrisation du sol, puisqu'il serait permis de préserver celui-ci de la sécheresse. Mais, en revanche, et comme conséquence de cette observation, il y aurait peut-être lieu de proscrire le traitement à l'électricité dans les terrains marécageux, par exemple, chez nous, à Saint-Pétersbourg, et, au contraire, de l'appliquer dans les environs de Tzarskojé-Selo.

3° Il arrive parfois, au début des expériences, que les végétaux se développent mal : l'aspect des plantes électrisées est peu séduisant. Parfois, cet état dure trois ou quatre semaines, puis tout change et ce sont alors les plantes électrisées qui deviennent plus belles que celles du champ de contrôle.

Voilà donc pourquoi je conseille à tous de prendre patience et de ne pas médire de l'électroculture avant de l'avoir mise fort longtemps en pratique.

Beaucoup de personnes, et même certains savants, prétendent que l'électroculture doit fatalement nuire aux plantes et même tuer complètement celles-ci. Les nombreuses années que j'ai passées à étudier cette intéressante question, les essais auxquels je me suis livré, sous toutes les latitudes, m'autorisent à leur donner le plus ferme démenti. Qu'ils essaient donc et emploient les courants de faible tension ou de haute tension, mais de haute fréquence, et ils verront.

D'autres disent que l'électroculture n'est encore qu'une méthode empirique et, partant, peu scientifique. Soit. Bénéficions-en d'abord, il sera toujours temps de l'étudier plus tard au point de vue strictement scientifique... si nous en avons le temps.

Gramme et Edison étaient des hommes de génie, ce n'étaient pas des scientifiques. Mais, si l'homme de science veut bien donner la main à l'homme de génie, s'ils s'entr'aident mutuellement, le progrès marchera plus vite !

Procédés E. Pilsoudski

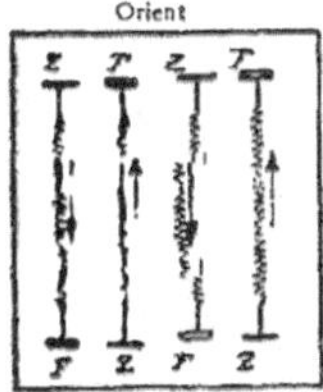

Figure 1.
Dispositif des Éléments terreux.
Plan.

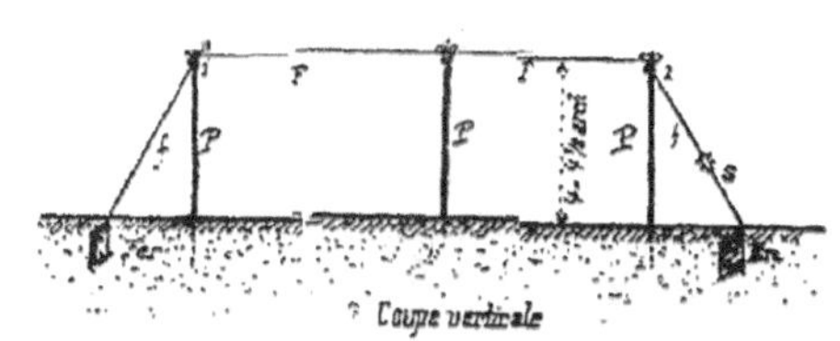

Figure 2.
P, perches; i, isolateurs; S, serre-fils ; F, conducteur aérien.
f, fil réunissant un pôle au conducteur ; Z et Fer, plaques.

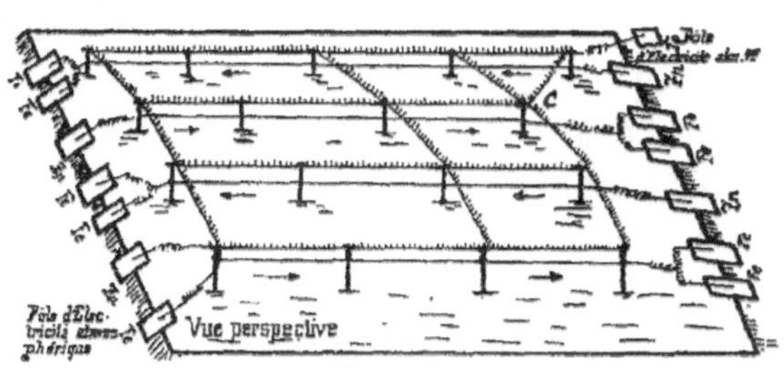

Figure 3.
Installation complète. — Utilisation des Électricités atmosphérique et Voltaïque.
C, Condensateur automatique.

Figure 4.
→ Sens du courant; f, f, électrode; Zn, électrode.

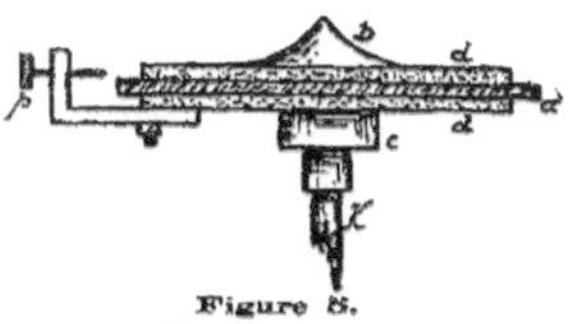

Figure 5.
Condensateur.
a, disque de verre; b, cône; c, bondon; dd, plaques
de cuivre; p, excitateur; x, perche.

ALLOCUTION DE M. F. BASTY
Secrétaire général du Congrès

Messieurs,

M. le colonel Pilsoudski m'ayant demandé de venir dire, devant vous, ce que je pensais de sa méthode de fertilisation électrique, emploi combiné des électricités voltaïque et atmosphérique, je le ferai avec d'autant plus de plaisir que pressé, hier, par l'heure, j'ai dû passer sous silence une partie, pour ne pas dire la plus grande partie, de mes résultats personnels.

Or, dans ces résultats, un certain nombre sont relatifs – non pas au procédé Pilsoudski, que j'ai peu expérimenté, suffisamment cependant pour en parler en connaissance de cause – mais aux procédés Spechnev, qui en sont très proches parents.

Les électrodes Spechnev sont constituées par des plaques zinc-cuivre, les électrodes Pilsoudski par des plaques zinc-fer ou fer-fer. Voilà toute la différence.

Pendant huit ou neuf ans, j'ai employé le procédé Spechnev en le modifiant dans la forme des éléments cuivre-zinc et dans la disposition des conducteurs aériens. Voici les résultats obtenus au 27 août 1909, avec ce procédé, relativement au développement et à la récolte de certaines plantes :

Soissons influencés	hauteur des tiges.	2 m., 850
témoins .		1 m., 750
Radis soumis aux plaques (semés le 10 juillet)	hauteur des tiges.	0 m., 130
	longueur des racines.	0 m., 145
Radis non soumis aux plaques et semés à la même date	hauteur des tiges.	0 m., 065
	longueur des racines.	0 m., 075
Orge influencée	hauteur des chaumes.	0 m., 840
	poids du grain . -	0 m., 640
Orge non influencée.	hauteur des chaumes.	0 m., 810
	poids du grain. .	0 gr., 570

En 1910, à la même époque, les résultats furent les suivants :

Moutarde électrisée	hauteur.	0 m., 800
	récolte en vert (graines)	0 k., 400
Moutarde témoin	hauteur	0 m., 600
	récolte en vert (graines)	0 k., 340
Soissons électrisés	récolte cosses	0 k., 435
	graines	1 k., 215
Soissons témoins	récolte cosses	0 k., 220
	graines	0 k., 740

Excusez-moi, Messieurs, de tant insister sur ces résultats, mais étant donnée la grande similitude des deux méthodes, j'estime que le procédé Pilsoudski peut et doit donner des résultats aussi avantageux que ceux que je viens de vous indiquer. D'ailleurs, je vais donner connaissance à mon honorable confrère d'une communication qui va lui causer, je l'espère, le plus grand plaisir.

Avant le congrès, nous avons, M. Silbernagel et moi, fait de pressants appels auprès des spécialistes en électroculture, les priant de vouloir bien nous adresser des communications sur tout ce qui pouvait nous intéresser ou nous fournir des indications nous permettant de sortir de la période de recueillement, de tâtonnements dans laquelle, hélas, nous stagnons depuis... trop longtemps.

Or, parmi les trop rares correspondants qui ont bien voulu faire un effort en nous adressant le compte-rendu de leurs essais, de leurs travaux, je dois signaler M. Prost, ingénieur du canal de Carpentras.

Voici, Messieurs, le résumé de sa communication : M. le Lieutenant-Colonel Eydoux, aujourd'hui général de division, chef de la mission militaire française en Grèce, ayant fait part à M. Prost d'expériences d'électroculture basées sur la méthode Pilsoudski et dont il avait pu apprécier les résultats à Choisy-le-Roi, dans la propriété de M. Keudel, incitèrent notre correspondant à tenter trois essais.

Essai 1. — Propriété Eydoux à Loriol

L'expérience eut lieu sur une vigne, mais elle n'a pu être, malheureusement, poursuivie jusqu'à la vendange.

Néanmoins, il a été constaté que la floraison avait été plus belle que celle des vignes voisines, non soumises au traitement voltaïque.

Essai 2. — Vigne Loval à Althem-les-Paludi

Les cinq rangées traitées étaient situées de chaque côté d'une fosse d'assainissement. Habituellement, elles produisaient moins que les rangées avoisinantes et la vendange se faisait quelques jours plus tard.

Ici encore, la floraison fut avancée de huit jours et la vendange put se faire en même temps dans les deux parties de la vigne.

Essai 3. — Champ de betteraves à Carpentras

Enfin, dans un champ de betteraves soumis à l'influence électrique, on constata que la grosseur des betteraves influencées était notablement supérieure aux betteraves témoins.

Ce fait fut contrôlé par MM. Loval et Aymard, président et trésorier du Comice agricole de Carpentras. Malheureusement, ici encore, il ne fut fait, au cours des expériences, ni pesée, ni analyses qualitative et quantitative.

Voilà, Messieurs, fidèlement rapportées, d'une part mes expériences personnelles, faites d'après un procédé identique à celui de M. Pilsoudski, et, d'autre part, celles de M. Prost faites en suivant fidèlement ce procédé lui-même.

Puissent ces témoignages vous inciter â entreprendre immédiatement, et pour le plus grand bien de la science en général et de l'agriculture en particulier, des expériences nombreuses, car il ne faut pas nous le dissimuler, si nous avançons lentement, c'est que personne n'ose et ne veut entrer résolument et franchement dans la voie que nous indiquons, personnellement, depuis douze ans.

———————————